Automatische Modellierung von Waldlandschaften für virtuelle Welten und mobile Roboter

Arnold Bücken

Automatische Modellierung von Waldlandschaften für virtuelle Welten und mobile Roboter

Mit einem Geleitwort
von Univ.-Prof. Dr.-Ing. Jürgen Roßmann

Arnold Bücken
Aachen, Deutschland

D82 (Dissertation RWTH Aachen University, 2013)

ISBN 978-3-658-06743-4   ISBN 978-3-658-06744-1 (eBook)
DOI 10.1007/978-3-658-06744-1

Die Deutsche Nationalbibliothek verzeichnet diese Publikation in der Deutschen Nationalbibliografie; detaillierte bibliografische Daten sind im Internet über http://dnb.d-nb.de abrufbar.

Springer Vieweg
© Springer Fachmedien Wiesbaden 2014
Das Werk einschließlich aller seiner Teile ist urheberrechtlich geschützt. Jede Verwertung, die nicht ausdrücklich vom Urheberrechtsgesetz zugelassen ist, bedarf der vorherigen Zustimmung des Verlags. Das gilt insbesondere für Vervielfältigungen, Bearbeitungen, Übersetzungen, Mikroverfilmungen und die Einspeicherung und Verarbeitung in elektronischen Systemen.

Die Wiedergabe von Gebrauchsnamen, Handelsnamen, Warenbezeichnungen usw. in diesem Werk berechtigt auch ohne besondere Kennzeichnung nicht zu der Annahme, dass solche Namen im Sinne der Warenzeichen- und Markenschutz-Gesetzgebung als frei zu betrachten wären und daher von jedermann benutzt werden dürften.

Gedruckt auf säurefreiem und chlorfrei gebleichtem Papier

Springer Vieweg ist eine Marke von Springer DE. Springer DE ist Teil der Fachverlagsgruppe Springer Science+Business Media.
www.springer-vieweg.de

Geleitwort

Aktuelle Entwicklungen der Robotik "verlassen die Laborumgebung", das heißt die Einsatzgebiete zum Beispiel von Servicerobotik-Applikationen erweitern sich von strukturierten und zuvor genau vermessenen und modellierten Umgebungen auf weniger strukturierte, natürliche Umgebungen. Die Modellierung natürlicher Umgebungen ist aktuell noch eine große Herausforderung, sie ist aber eine wichtige Voraussetzung zum Beispiel für die Lokalisation, Navigation und Aufgabenplanung für mobile robotische Systeme. Die Dissertationsschrift von Herrn Bücken hat zum Ziel, multisensorielle Fernerkundungsdaten zu nutzen, um Waldlandschaften zu identifizieren und so weitgehend automatisch ein Modell einer bewaldeten Landschaft zu erstellen, das unmittelbar die Grundlage für eine Virtual-Reality-Darstellung eines Landschaftsausschnittes realisiert und in zweiter Anwendung als grundlegendes Kartenwerk für die Lokalisation und Navigation automatisierter Arbeitsmaschinen im Wald genutzt wird. Die damit in der Praxis erreichbare Lokalisationsgenauigkeit von ca. 50 cm ist bisher konkurrenzlos.

Die vorliegende Arbeit ermöglicht es, heute global verfügbare Fernerkundungsdaten wie Luftbilder sowie Gelände- und Oberflächenmodelle zu nutzen, um daraus detailgetreue, komplexe Modelle von Waldlandschaften abzuleiten. Die erzielten Genauigkeiten machen es ferner praktikabel, die Ergebnisse nicht nur in Applikationen in den avisierten Bereichen Virtual Reality, Simulation und Robotik einzusetzen, sondern sie ermöglichen darüber hinaus sogar die schrittweise Automatisierung forstlicher Inventur- und Planungsverfahren.

Dieser modernen, fächerübergreifenden und sehr anschaulichen Arbeit, deren Grundidee unter anderem im Jahr 2008 mit dem "European Satellite Navigation Competition 2008 Award" als bester Beitrag des Landes NRW ausgezeichnet wurde, wünsche ich die Ihr gebührende Aufmerksamkeit der Fachwelt und freue mich mit dem Autor über ihren wegweisenden Einfluss auf aktuelle Entwicklungen im Bereich der semantischen Umweltmodellierung.

Univ.-Prof. Dr.-Ing. Jürgen Roßmann

Vorwort

Die vorliegende Arbeit entstand während meiner Tätigkeit als wissenschaftlicher Mitarbeiter am Institut für Mensch-Maschine-Interaktion der RWTH Aachen.

Dem Leiter des Instituts für Mensch-Maschine-Interaktion, Herrn Prof. Dr.-Ing. J. Roßmann, gilt mein besonderer Dank für die stetige Förderung dieser Arbeit und für die Schaffung der Rahmenbedingungen, die diese Arbeit erst ermöglicht haben.

Herrn Prof. Dr. rer. nat. T. Kuhlen möchte ich herzlich für das Interesse an meiner Arbeit und die Übernahme des Koreferates danken.

Bei den Kolleginnen und Kollegen am Institut für Mensch-Maschine-Interaktion bedanke ich mich für ihre Hilfsbereitschaft und produktive Zusammenarbeit. Erst durch den Kontext der parallel laufenden Arbeiten und der gemeinsamen Arbeit an Projekten war es möglich, den Rahmen für diese Arbeit zu spannen.

Herrn Dipl.-Forstwirt M. Heym, Herrn OFR J. Meißner, Herrn Dipl.-Forstwirt R. Moshammer, Frau Ass. d. FD. J. Saebel und Herrn FD i.R. G. Spelsberg danke ich für die grundlegende Einführung in die Forsteinrichtung sowie für ihre Hilfsbereitschaft, mir bei verschiedensten forstlichen Fragen mit guten Hinweisen zur Seite zu stehen.

Herrn Dipl.-Inform. M. Giesenschlag danke ich für die fruchtbaren Anregungen nach der Durchsicht des ersten Manuskriptes.

Meiner Familie möchte ich ganz besonders danken. Ohne ihren Rückhalt und die Entbehrungen, die sie auf sich genommen hat, wäre diese Arbeit nicht möglich gewesen.

Arno Bücken

Inhaltsverzeichnis

Geleitwort V

Vorwort VII

1 Einleitung 1

2 Stand der Technik 7
   2.1 Einzelbaumerkennung 7
   2.2 Extraktion und Berechnung von Geländedaten 16
   2.3 Abgrenzende Geometrien für Waldflächen 18
   2.4 Generierung von Baumattributen 19
   2.5 Ableitung forstlicher Attribute aus Fernerkundungsdaten ... 21

3 Datengrundlage 27
   3.1 Testgebiet 1: Glindfeld 27
   3.2 Testgebiet 2: Schmallenberg 32
   3.3 Testgebiet 3: Arnsberg 36
   3.4 Testgebiet 4: Hoppengarten 42
   3.5 Testgebiet 5: Steinfurt 45

4 Vorgehen bei der Erzeugung von Waldlandschaften 49
   4.1 Bodenmodell 49
   4.2 Umringe 50
   4.3 Einzelbaumsegmentierung und Transfer in eine Datenbank ... 55
   4.4 Visualisierung 55

5 Erhebung von Einzelbaumdaten 57
   5.1 Wasserscheidenalgorithmus 57
   5.2 Volumetrische Baumerkennung 60
   5.3 Baumerkennung unter Verwendung von Hintergrundwissen ... 70
   5.4 Statistische Baumgenerierung 76
   5.5 Der Schritt zur vollautomatischen Einzelbaumerkennung ... 77
   5.6 Einzelbaumattribuierung 88

6 Visualisierung 93
   6.1 2D-Ansicht von oben 93
   6.2 3D-Ansicht als Säulen 93
   6.3 Visualisierung als (ausgerichtete) Textur 95
   6.4 3D-Ansicht mit realitätsnahen Baummodellen 96
   6.5 Schatten und Bodenbewuchs 97

7 Diskussion 99
- 7.1 Quantitative Auswertung der Segmentierungsergebnisse 99
- 7.2 Qualitative Auswertung der Attribuierungsergebnisse 106
- 7.3 Analyse der benötigten Datengrundlage 115
  - 7.3.1 Analyse der Qualität eines fotogrammetrischen DOMs 116
  - 7.3.2 Analyse der benötigten Auflösung eines LIDAR-DOMs 118

8 Anwendungen 127
- 8.1 Flugsimulator 127
- 8.2 Forstsimulator 132
- 8.3 Lokalisierungsgrundlage 134
- 8.4 Grundlage für die Baumartenklassifikation 142
- 8.5 Forstliche Inventuren 142

9 Zusammenfassung 145

Anhang A – Interpolation 149

Anhang B – Regressionsergebnisse zur Einzelbaumattribuierung 155
- B.1 Ableitung des Brusthöhendurchmessers aus Höhe und Kronenschirmfläche 155
- B.2 Ableitung des Alters aus Höhe und Kronenschirmfläche 156

Anhang C – Ergebnisse der Sensorsimulation 159

Abbildungsverzeichnis 169

Tabellenverzeichnis 175

Abkürzungsverzeichnis 177

Verzeichnis der Formelzeichen 179

Literaturverzeichnis 181

1 Einleitung

Simulationen und VR-Umgebungen sind heutzutage realistischer als je zuvor. Durch die steigende Leistungsfähigkeit von Prozessoren und Grafikkarten werden immer detailliertere Visualisierungen der Umgebung und Berechnungen der physikalischen Eigenschaften möglich. Insbesondere bei Simulationen, die zu Unterhaltungszwecken entwickelt wurden, ist diese Entwicklung klar zu sehen. Abbildung 1.1 zeigt die Entwicklung am Beispiel der Flugsimulator-Software des Herstellers Microsoft. Die Darstellung der Umgebung hat sich von einer einfachen Polygon-Grafik über texturierte Szenen bis hin zu einer realistisch anmutenden, weltumspannenden Landschaft gewandelt.

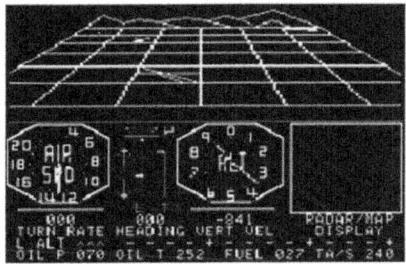
Sublogic Flight Simulator für den Apple II (Bild: [Wikipedia, History of Microsoft Flight Simulator])

Microsoft Flight Simulator I (Bild: [Wikipedia, History of Microsoft Flight Simulator])

Microsoft Flight Simulator 2004 Version 9.0 (Bild: [Wikipedia, History of Microsoft Flight Simulator])

Microsoft Flight 2012

Abbildung 1.1: Grafische Entwicklung der Microsoft Flugsimulatoren und deren Vorgänger Sublogic Flight Simulator

Im Zuge dieser Entwicklung sind auch die Anforderungen an die Modellierung der Landschaft immer höher geworden. Während beispielsweise in der ersten Version des Sublogic Flight Simulator lediglich einige wenige Höheninformationen für die Knotenpunkte des regelmäßigen Polygonnetzes benötigt wurden und hier auch nur eine begrenzte Fläche betrachtet wurde, ist heute eine realitätsnahe Ausstattung der Umgebung mit 3D-Objekten Standard.

In Städten werden entweder zufällige Gebäude im Stadtgebiet verteilt oder es kommt – in besonders bekannten Städten – ein realistisches, zum Teil manuell erstelltes Stadtmodell zum Einsatz. Bei der Landschaft kommen häufig aus Satelliten- oder Luftbildern generierte Karten mit einer Information über die Nutzung und Vegetation des Bodens zum Einsatz, die auf ein grob aufgelöstes Höhenmodell gelegt werden. Beim Höhenmodell findet man oft das Höhenraster der SRTM-Mission des Space-Shuttles [Avsim.com, 2008 und Jet Propulsion Laboratory, 1998], da dieser Datensatz nahezu flächendeckend frei verfügbar ist. Die Verwendung der Bodennutzungskarten ist meist nicht näher dokumentiert. Ein Beispiel für ein sehr detailliertes Verfahren gibt das CORINE-Landcover-Projekt [Keil, Bock, Esch, Metz, Nieland, Pfitzner, 2010]. Abbildung 1.2 zeigt ein Bildschirmfoto aus Microsoft Flight (veröffentlicht 2012), das die Verwendung solcher Karten verdeutlicht.

Abbildung 1.2: Verwendung von Bodennutzungs- und Vegetationskarten in Microsoft Flight. Die Übergänge zwischen verschiedenen Landnutzungszonen bestehen aus Polygonen. Straßen und Gebäude werden geschnitten.

Auch im professionellen Umfeld kommen Simulatoren zum Einsatz, die eine realitätsnahe Umgebung erfordern (Abbildung 1.3). Beispiele sind hier kommerzielle Flug-, Fahr- oder Arbeitsmaschinensimulatoren. Insbesondere Forstmaschinensimulatoren erfordern eine sehr realistische Umgebung bis auf Einzelbaumebene, um zum Beispiel das Fahrertraining unter realitätsnahen Bedingungen zu ermöglichen. Aber auch in Flugsimulatoren ist eine detaillierte Modellierung insbesondere in der Umgebung der Flughäfen sehr wichtig, um den Flugschüler unter Sichtflugbedingungen (VFR) auszubilden.

Lufthansa Flugsimulator (Bild: [Ziegler, 2011])

Simutech Fahrsimulator (Bild: [Simutech, 2012])

Arbeitsmaschinensimulator (Bild: T. Jung, MMI)

Harvester-Simulator (Bild: Herzberg, Universität Dortmund)

Abbildung 1.3: Verschiedene kommerzielle Simulatoren

Zum Teil kommen in diesem Bereich von Hand generierte Landschaftsmodelle zum Einsatz, die nicht oder nur in geringen Teilen mit einer realen Landschaft übereinstimmen. So wird zum Beispiel die Morphologie der Landschaft übernommen, die Vegetation jedoch ohne Anspruch auf einen Realitätsbezug manuell generiert. Die so erzeugten Modelle wirken zunächst einmal plausibel, der Aufwand solche Modelle großflächig zu erstellen ist jedoch immens und, obwohl die Modelle in sich stimmig wirken, können Aspekte der tatsächlichen Landschaft nicht abgebildet sein, was je nach Simulator oder je nach Schulungsaufgaben die Anforderungen an den Bediener verfälschen kann. Mit der zunehmenden Verfügbarkeit von Fernerkundungsdaten erscheint es sinnvoll, die (teil-)automatisierte Generierung von Landschaften anzustreben. Während Luftbilder früher meist nur für spezielle Aufgaben lokal beschränkt erstellt wurden, werden diese heute in festgelegtem Turnus routinemäßig und flächendeckend aufgenommen (Beispiel NRW: [GEObasis.nrw, Bildflugnachweis, 2012]). Im Alltag haben diese Bilder längst ihren festen Platz gefunden und werden beispielsweise in Internetdiensten wie Google Maps, Microsoft Bing Maps oder Google Earth genutzt. In einigen Gebieten, wie beispielsweise in Nordrhein-Westfalen, werden inzwischen zusätzlich auch präzise Höhenmodelle turnusmäßig erhoben [GEObasis.nrw, Digitales Oberflächenmodell (DOM), 2012]. Bei einer Befliegung mit einem Laserscanner wird nicht nur die Vegetationsoberfläche abgebildet. Dieser aktive Sensor penetriert die Oberfläche und liefert gleichzeitig Informationen über tieferliegende Schichten. So kann gleichzeitig eine Abbildung des Geländes (DGM – digitales Geländemodell) und der Bewuchsoberfläche (DOM – digitales Oberflächenmodell) erzeugt werden. Diese raumbezogene Datengrundlage stellt einen nahezu idealen Rahmen für die Generierung von Landschaftsmodellen dar.

Neben Simulationen und Visualisierungen im Bereich der virtuellen Realität sind realitätsnahe Waldmodelle auch in weiteren Feldern eine wichtige Datengrundlage. Beispielsweise kann ein einzelbaumbasiertes, aus Fernerkundungsdaten erstelltes Waldmodell im Bereich der mobilen Robotik als Kartengrundlage genutzt werden, um ein robotisches System auch unter dem Kronendach zu lokalisieren. Auch bereits bei der Planung eines Einsatzes einer Maschine im Wald steht einem Disponenten mit einem detaillierten Waldmodell eine Grundlage zur Verfügung, mit der sich das Gelände und der Bewuchs umfassender als mit herkömmlichen Kartenwerken einschätzen lassen.

Im forstlichen Bereich ermöglichen präzise Waldinformationen eine automatisierte Übersicht über den Wald. Aus digitalen Waldmodellen können für große Flächen Inventurparameter abgeleitet werden, die als Planungsgrundlage in der Forsteinrichtung dienen können.

Diese Arbeit soll einen Weg aufzeichnen, wie Fernerkundungsdaten zur teilautomatischen oder automatischen Akquise von Waldmodellen genutzt werden können. Zunächst sollen bereits publizierte Ansätze der automatischen Modellgenerierung für VR-Systeme betrachtet und diskutiert werden. Hier sind insbesondere Ansätze für die Generierung von Stadtmodellen sowie von Landschaften mit Straßen und Wegen publiziert. Weiterhin sollen bekannte Ansätze

Einleitung

zur Einzelbaumerkennung betrachtet werden, die hauptsächlich in der Forstwissenschaft zum Einsatz kommen. Anschließend sollen die Geodaten, die dieser Untersuchung zugrunde lagen, beschrieben werden. Hier standen Daten aus den Testgebieten Glindfeld, Schmallenberg, Arnsberg, Hoppengarten, Steinfurt zur Verfügung. Dabei ist eine Gesamtfläche von ca. 1320km^2 abgedeckt. Die zur Verfügung stehenden Daten unterscheiden sich dabei in verschiedenen Aspekten, unter anderem hinsichtlich der Entstehungsart beziehungsweise der eingesetzten Sensoren und der Auflösung.

Im dann folgenden Kapitel wird das verwendete, generelle Vorgehen bei der Generierung von Waldmodellen vorgestellt. Dazu wird insbesondere aufgezeigt, aus welchen Geodaten die von einer Einzelbaumerkennung benötigten Informationen abgeleitet werden können. Das Vorgehen ist hier stark modular aufgebaut, sodass einzelne Abläufe hier jederzeit gegen andere Algorithmen ausgetauscht oder die Ansätze auf andere Datenquellen angepasst werden können.

Zentraler Punkt in diesem Ablauf ist die eigentliche Einzelbaumerkennung, die durch die verschiedensten Algorithmen erfolgen kann. Die hier verwendeten Algorithmen sollen anschließend in einem eigenen Kapitel eingeführt werden. Hierzu wird zunächst das in der Literatur oft zitierte Verfahren des Wasserscheiden-Algorithmus ausführlicher vorgestellt. Anschließend werden zwei neue Algorithmen zur Einzelbaumerkennung entwickelt. Neben den Einzelbaumerkennungsansätzen soll auch ein Verfahren eingeführt werden, das in Gebieten mit einer unzureichenden Geodatenabdeckung immer noch plausible, wenn auch nicht eins zu eins mit der Realität übereinstimmende Waldmodelle erzeugen kann.

Nach diesem Kapitel stehen die benötigten Werkzeuge bereit, um ein Waldmodell teilautomatisch zu erstellen. Es zeigt sich, dass lediglich ein freier Parameter der Einzelbaumerkennung bleibt und je Waldstück manuell gesetzt werden muss. Um den letzten Schritt zu einer vollautomatischen Waldmodellierung zu vollziehen, wird anschließend mit der Receiver-Operator-Charakteristik ein Ansatz vorgestellt, der eine Heuristik zur Bestimmung des freien Parameters liefert.

Das darauffolgende Kapitel analysiert die Ergebnisse der Einzelbaumerkennung. Für Testbestände werden die Ergebnisse der Einzelbaumsegmentierung mit einer terrestrischen Vollaufnahme verglichen, um eine Erkennungsrate zu ermitteln. Dies erfolgt zum einen für einen teilautomatisiert erstellten Datensatz, zum anderen aber auch für das Ergebnis einer vollautomatischen Segmentierung. Anschließend soll analysiert werden, wie verschiedene Befliegungsparameter die Erkennungsrate beeinflussen. Hierzu werden verschiedene Oberflächenmodelle per Sensorsimulation erzeugt, die anschließend zur Einzelbauerkennung genutzt werden. Auf diese Weise wird schnell klar, wie eine geänderte Punktdichte oder eine größere Strahlaufweitung des Laserstrahles die Erkennungsergebnisse beeinflussen. Die Simulationsergebnisse werden dabei auch mit einem real gemessenen Datensatz verglichen, um zu zeigen, dass diese plausibel sind.

Nachdem die Modellerstellung beleuchtet wurde, folgt ein kurzer Abriss über die Möglichkeiten der Datenvisualisierung. Von einfachen Stöckchenmodellen bis hin zur komplexen, nahezu fotorealistischen Darstellung des Waldes gibt es verschiedene Ansätze. Abschließend sollen einige Nutzungsmöglichkeiten eines vollautomatisch aus Fernerkundungsdaten erzeugten, hochdetaillierten Waldmodells in den Bereichen der virtuellen Welten, der mobilen Robotik und der Forstwissenschaften aufgezeigt werden.

2 Stand der Technik

Systeme, die die Generierung von Waldmodellen für VR-System aus Fernerkundungsdaten beschreiben, sind bisher nicht in der Literatur beschrieben. Es finden sich jedoch zahlreiche Veröffentlichungen, die Teilbereiche des hier erforderlichen Ansatzes beschreiben. Diese Teilbereiche sollen in diesem Kapitel beleuchtet werden. Der sicherlich zentrale Aspekt ist dabei die Erkennung von Einzelbäumen in Fernerkundungsdaten. Allerdings sind auch die Extraktion und Verarbeitung von Geländedaten, die Herleitung von abgrenzenden Geometrien, die Generierung von Baumartenkarten, sowie die Analyse, welche forstlichen Daten aus Fernerkundungsdaten abgeleitet werden können, im Umfeld einer automatischen Waldgenerierung von Interesse.

2.1 Einzelbaumerkennung

Im Bereich der Einzelbaumerkennung sind in der Literatur zahlreiche Verfahren zu finden, die auf verschiedenen Ansätzen basieren. Insbesondere im forstlichen Bereich sind hier Veröffentlichungen zu finden. Die meisten davon stammen von Forschergruppen aus den waldreichen Ländern Skandinaviens sowie aus Kanada.

Nachdem bereits Ende der 1970er Jahre von Solodukhin in ersten Untersuchungen die Eignung flugzeuggetragener Laserscanner zur Ableitung forstlicher Parameter eines Bestandes beziehungsweise einer Baumgruppe betrachtet wurden [Solodukhin et. al., 1977 und Solodukhin et. al., 1979], folgten Ende der 1990er Jahr mit gestiegenen Auflösungen der verfügbaren Laserdaten die ersten Auswertungen zur Segmentierung von Einzelbäumen.

Gougeon beschreibt bereits 1998 einen Ansatz zur Extraktion von Einzelbaumdaten aus Fernerkundungsdaten über einen Algorithmus, der lokale Minima verfolgt und daraus Strukturen ableitet („Valley-Following-Algorithmus") [Gougeon, 1998]. Er nutzt hier digitale oder digitalisierte Luftbilder mit einer Auflösung bis zu 10cm/Pixel und schließt aus Schattenbereichen auf Kronengrenzen und daraus auf individuelle Bäume. In seiner Veröffentlichung schildert Gougeon sehr gute Ergebnisse ab einer räumlichen Auflösung von ca. 30cm/Pixel, beschreibt jedoch lediglich, dass 81% der erkannten Kronen tatsächlich 1:1 mit realen Kronen übereinstimmen. Es fehlt eine Angabe, wie hoch der Prozentsatz der erkannten Bäume war.

In einer umfassenderen Arbeit [Gougeon und Leckie, 2003] wird der dieser Ansatz als Möglichkeit beschrieben, Luftbilder in der Vorstufe einer Klassifizierung zu segmentieren. Zur Abschätzung der Anzahl und Positionen von Einzelbäumen wird die Suche von lokalen Helligkeits-Maxima in Luftbildern beschrieben. Mit dem TREETOPS-Algorithmus wird ein grob aufgelöstes (1- 2m/Pixel), manuell vorprozessiertes Bild gescannt und dabei innerhalb eines festen Ausschnittes der hellste Pixel bestimmt. Dieser wird als Spitze eines Baumes angenommen. Es erfolgt keine Unterteilung in Kronenspitze und Astspitze eines bereits erfassten Baumes, was aufgrund der geringen räumlichen Auflösung des Bildes vermutlich auch nicht erforderlich ist. Für offenes Gelände wird zusätzlich der SHADOWTT-Ansatz beschrieben, der nach Eingabe des Sonnenstandes bei der Bilderstellung anhand des Schattenwurfs Baumpositionen bestimmt. Beide Situationen – offener und dichter Bestand – können vom LATTOPS-Ansatz unterschieden werden, sodass der jeweils bessere Algorithmus gewählt werden kann.

In [Gougeon, 2009] werden die Ergebnisse auf die Nutzung von Satellitendaten ausgeweitet. In [Katoh, Gougeon, Leckie, 2009] wird auf Probleme eingegangen, die durch die feste Größe des betrachteten Ausschnitts auftreten. So werden große Bäume oft in mehrere Teile segmentiert, während Bäume mit kleiner Krone nicht getrennt werden. In [Gougeon, 2010] wird der bisherige Ansatz auf eine Verwendung von Laserscanner-Daten erweitert. Im Falle einer niedrigen Auflösung (ca. 1 Punkt / m²) können die Daten genutzt werden, um die Höhe der erkannten Bäume zu bestimmen und um Bereiche mit niedriger oder nicht vorhandener Vegetation zu erkennen und von der Berechnung auszuschließen. Laser-Daten mit hoher Auflösung (ca. 10 Punkte / m²) werden hier als geeignet beschrieben, um den Valley-Following-Algorithmus darauf anzuwenden. Im Vergleich zur Verarbeitung von Bilddaten werden die so erzielten Ergebnisse als besser positionierte und vollere Kronen beschrieben.

Hyyppä und Inkinnen veröffentlichten 1999 einen Artikel zur Segmentierung und Attribuierung von Einzelbäumen [Hyyppä, Inkinnen, 1999]. Dieser Artikel wird häufig als Meilenstein der Entwicklung der Einzelbaumsegmentierung angesehen. In einigen Veröffentlichungen, wie zum Beispiel [Næsset, Gobakken, et. al., 2004] wird dieser Ansatz sogar als erster Einzelbaumsegmentierungsansatz gewertet. Hyyppä verwendet hier eine modifizierte Version des Wasserscheiden-Algorithmus, bei dem Kanten im Höhenprofil des Oberflächenmodells gesucht werden. Er spezifiziert hier jedoch nicht näher, an welcher Stelle Modifikationen am Algorithmus stattgefunden haben. Auch eine Erkennungsrate wird in dieser Veröffentlichung noch nicht angegeben.

Persson, Holmgren und Söderman verwendeten 2002 bereits für die damalige Zeit ungewöhnlich hoch aufgelöste Laserdaten mit ca. 5 Punkten je Quadratmeter, die bei einer sehr niedrigen Flughöhe von 130m von einem Hubschrauber aufgenommen wurden [Persson, Holmgren, Söderman, 2002]. Sie beschreiben ein Verfahren, bei dem die Daten zunächst mit Gaußfiltern mit verschiedenen Radien geglättet werden. Anschließend werden die verschiedenen Glättungsstufen miteinander verglichen. In der gröbsten Stufe werden auch große Bäume nur noch mit einem Maximum dargestellt, während in der feinsten Stufe auch kleinere Bäume mit einem eigenen Maximum erscheinen. Die Maxima der verschiedenen Glättungsstufen werden nun miteinander in Verbindung gebracht. Entspricht genau ein Maximum in den feinen Stufen einem in der groben Stufe, wird hier ein Baum gesetzt. Entsprechen hingegen mehrere Maxima in den feinen Stufen einem in der groben, wird durch Vergleich der Oberfläche des Lasermodells mit einem Baummodell entschieden, welche Glättungsstufe die wahrscheinlichste Hypothese darstellt. Als Baummodell wird hier eine durch eine 3D-Parabel beschriebene Oberfläche genutzt. Die Autoren geben an, dass das Verfahren eine Erkennungsrate von 71 Prozent aufweist.

Pouliot, Bell, King und Pitt beschreiben ebenfalls 2002 ein Verfahren, das Einzelbäume in Plantagen auf hoch aufgelösten Luftbildern (5cm/Pixel) erkennt [Pouliot, King, Bell, Pitt, 2002]. Dabei werden zunächst die lokalen Helligkeits-Maxima bestimmt. Anschließend wird der Helligkeitsverlauf an definierten Strahlen vom Mittelpunkt aus analysiert. Die Werte an den Strahlen werden mit einem Polynom vierten Grades verglichen und die Länge der Strahlen so variiert, dass der Fehler minimiert wird. Dadurch wird gleichzeitig ein Kronendurchmesser ermittelt. In diesem Verfahren werden an vielen Stellen Benutzervorgaben verwendet. So ist zum Beispiel die Größe des initialen Suchfensters, die Anzahl der Strahlen, die anfängliche Länge der Strahlen und der maximale Fehler einstellbar. Die Ergebnisse werden auf Luftbildern von klar strukturierten Plantagen mit visuell sehr gut trennbaren Einzelbäumen betrachtet. Der Algorithmus erzielt dabei eine Erkennungsrate von 80 bis 91 Prozent, abhängig von der verwendeten Bildauflösung. Die besten Ergebnisse wurden jedoch nicht auf den am höchsten aufgelösten Bildern, sondern auf Bildern mit 15cm/Pixel Auflösung erzielt. Die durch die geringere Auflösung erfolgte Glättung hat sich hierbei positiv auf die Erkennungsrate ausgewirkt. Die Autoren vergleichen ihren Algorithmus mit einer Variante, die lokale Maxima in festen Fenstergrößen analysiert (ähnlich dem TREETOPS-Algorithmus). Bei Verwendung fester Fenstergrößen werden abhängig von Bildauflösung und Fenstergröße Erkennungsraten zwischen 40 und 86 Prozent erzielt.

Erikson beschreibt 2003 eine Segmentierung, die auf einer Partikelsimulation basiert [Erikson, 2003]. Nach der Normierung der Bildhelligkeit des Gesamtbildes starten die Partikel dabei an einer Stelle, die potenziell die Spitze eines Baumes sein könnte. Das Verfahren ist dabei so angelegt, dass innerhalb eines Baumes normalerweise mehrere Ausgangspunkte gefunden werden. Nun wird in jedem Schritt eine Zufallsbewegung des Partikels ausgeführt. Dazu wird zunächst ein temporärer Zielpunkt ermittelt, dessen Lage zum aktuellen Punkt sich für x- und y-Richtung getrennt jeweils über eine Normalverteilung mit festgelegter Varianz ergibt. Von diesem temporären Zielpunkt wird die Helligkeit bestimmt und der Vektor vom aktuellen Punkt zum temporären Zielpunkt damit skaliert. Dieser skalierte Vektor definiert den tatsächlichen Zielpunkt der Bewegung. Mit diesem Vorgehen wird erreicht, dass dunkle Bereiche des Bildes, die potenziell Grenzen zwischen Bäumen darstellen, weniger wahrscheinlich erreicht werden als helle Bereiche. Während der Partikelsimulation werden die Aufenthaltshäufigkeiten der Partikel protokoliert. Das Ergebnis ist ein Bild, das die protokollierten Werte als Graustufen widerspiegelt und das als Grundlage einer Segmentierung dient. In diesem Bild werden über einen Schwellenwert Bereiche mit niedriger Aufenthaltswahrscheinlichkeit ausgeblendet und anschließend zusammenhängende Regionen als Baumkandidaten bestimmt. Zu große Regionen, die dabei auftreten, werden weiter unterteilt, zu kleine verworfen.

In seiner Dissertation [Erikson, 2004] beschreibt der Autor eine Weiterentwicklung des Ansatzes, die die Kronenumrisse besser beschreibt, und gibt ein Segmentierungsergebnis an. Beide Verfahren erkennen 156 der 164 im Luftbild erkennbaren Fichten-Kronen (95,1 Prozent). Insgesamt sind jedoch 202 Bäume im Testbestand vorhanden, sodass sich eine Erkennungsrate von 77,2 Prozent ergibt.

Am Lehrstuhl von Prof. Koch in Freiburg wird im Rahmen des Natscan-Projektes eine Variante des Wasserscheiden-Algorithmus eingesetzt. Diedershagen beschreibt diesen in HALCON implementierten Ansatz in [Diedershagen, Koch, Weinacker, Schütt, 2003]. Dieser Algorithmus segmentiert ein Laserscanner-Modell in einzelne Bereiche, indem Kronen entlang der sie umgebenden Einschnitte zwischen dem jeweiligen Baum und seinen Nachbarn abgegrenzt werden. Im Gegensatz zu einem Valley-Following-Algorithmus wird dabei von den lokalen Maxima ausgegangen und ein Gradienten-Abstieg ausgeführt. Diedershagen führt anschließend noch einige Plausibilitätsprüfungen aus, um zu kleine Regionen mit Nachbarn zu verschmelzen und möglicherweise falsch segmentierte Bäume zu entfernen. Der Autor trifft keine Aussage zur Erkennungsrate.

Straub entwickelt in seiner Dissertation [Straub, 2003] ein Verfahren, um Einzelbäume aus Fernerkundungsdaten zu extrahieren. Er verwendet dabei Bild- und Laserdaten mit einer Auflösung von ca. 4-5 Messpunkten je Quadratmeter. Die initiale Segmentierung erfolgt dabei ebenfalls auf Basis des Wasserscheiden-

Algorithmus. Anschließend werden die Segmente nach den Kriterien „Größe", „Kreisförmigkeit", „Konvexität" und „Vitalität" bewertet. Der Segmentierungsschritt wird dabei für verschiedene Bildauflösung beziehungsweise verschieden starke Glättungen des Bildes berechnet, um die ideale Auflösungs- oder Glättungsstufe zu finden. Im Mittel erkennt dieser Ansatz ca. 60 Prozent der Bäume, im einzigen genannten Beispiel, das einen Wald zeigt, liegt die Erkennungsrate bei 52 Prozent der Einzelbäume. In diesem Fall hat der Algorithmus jedoch die am besten geeignete Bildauflösung verworfen und ist daher zu einem schlechteren Ergebnis gekommen.

Popescu und Wynne entwickelten 2004 den Ansatz von Gougeon weiter, indem anstelle einer quadratischen Maske ein kreisförmiges Suchfenster zum Einsatz kommt [Popescu, Wynne, 2004]. Sie verwenden für Ihre Untersuchungen Laserdaten mit einer Punktdichte von ca. 1,35 Punkten / m² und Testdaten auf einer Fläche von ca. einem Hektar. Die Autoren berechnen einen erwarteten Kronendurchmesser und skalieren das Suchfenster entsprechend. In der Arbeit sind keine Erkennungsraten genannt.

Die Gruppe um Pitkänen von der Universität Joensuu in Finnland vergleicht in [Pitkänen, Maltamo, et. al., 2004] mehrere Ansätze zur Einzelbaumerkennung. Sie verwenden für ihre Studien ein Oberflächenmodell eines Toposys-1-Scanners mit nominellen 10 Punkten je Quadratmeter. Zunächst betrachten sie lediglich die lokalen Maxima im Lasermodell. Damit werden 49,1 Prozent aller in der Realität vorhandenen Bäume erkannt. Es werden zusätzlich noch ca. 1,3 Mal so viele Bäume erkannt, die jedoch in der Realität nicht vorkommen. Betrachtet man nur die dominanten Bäume im Bestand, erkennt das Verfahren 79,4 Prozent (Tabelle 2.1, RAW). In einem zweiten Schritt wurden die Daten gaußgefiltert und dann die lokalen Maxima extrahiert. Mit diesem Ansatz ließ sich die Anzahl der zusätzlich detektierten Bäume deutlich senken, jedoch wurden auch weniger korrekte Bäume erkannt (Tabelle 2.1, GAUS). Das dritte Verfahren HBF (Height Based Filtering) verwendet Gaußfilter mit verschiedenen Radien und variiert diese abhängig von der Bestandeshöhe. Im ELIM-Verfahren wird aus der Baumhöhe auf den Kronendurchmesser geschlossen. Maxima werden nach verschiedenen Kriterien priorisiert, anschließend werden niedriger priorisierte Maxima innerhalb des Kronendurchmessers eines höher priorisierten Punktes gelöscht (Tabelle 2.1, ELIM). Das letzte Verfahren versucht eine Erkennung von Objekten (Blobs, Binary Large Objects) auf einem in Abhängigkeit des zu erwartenden Kronendurchmessers skalierten Lasermodell (Tabelle 2.1, LAP). Die letzten vier Verfahren weisen jeweils eine Erkennungsrate von ca. 40 Prozent auf. Bezieht man das Ergebnis nur auf die dominanten Bäume, so liegt die Erkennungsrate zwischen 61 und 69 Prozent.

Tabelle 2.1: Ergebnisse der fünf von Pitkänen et. al. untersuchten Verfahren [Pitkänen, Maltamo, et. al. 2004]

Verfahren	Prozentualer Anteil an allen realen Bäumen		
	Erkennungsrate gesamt	Erkennungsrate dominante Bäume	Fälschlich als Baum erkannte Strukturen
RAW	49,2	79,4	64,6
GAUS	36,7	61,4	6,6
HBF	37,0	61,2	5,9
ELIM	41,6	68,7	8,0
LAP	41,5	62,4	16,9

Garcia, Suarez und Pattenaude vergleichen in ihrer Veröffentlichung aus dem Jahre 2007 ebenfalls mehrere Verfahren [Garcia, Suarez, Pattenaude, 2007]. In diesem Fall werden die Verfahren von Gougeon, Popescu und Weinacker verglichen, die in diesem Kapitel bereits erläutert wurden. Sie verwenden dazu Testdaten aus einem Gebiet von 17,5 km² im Gebiet des Loch Lomonds und der Trosachs in Schottland mit einer Punktdichte von ca. 3-4 Punkten/m². Garcia, Suarez und Pattenaude vergleichen die Algorithmen hinsichtlich mehrerer Parameter, wie zum Beispiel Stammzahl, Baumhöhe, Kronendurchmesser und Stammdurchmesser. Für die Anzahl der erkannten Individuen ergibt sich, dass der Algorithmus von Weinacker mit 76 Prozent die meisten Einzelbäume erkannt hat, die mit realen Bäumen in Verbindung gebracht werden konnten. Allerdings hat dieser Algorithmus auch mit 52,8 Prozent die meisten zusätzlichen Bäume zurückgeliefert. Tabelle 2.2 fasst die fasst die Ergebnisse für die Anzahl der erkannten Bäume zusammen.

Tabelle 2.2: Untersuchungsergebnisse von Suarez et. al. [Garcia, Suarez, Pattenaude, 2007]

Verfahren	Prozentualer Anteil an allen realen Bäumen	
	Erkennungsrate gesamt	Zusätzlich erkannte Bäume
Gougeon	60,2	17,7
Popescu	71,8	17,5
Weinacker	76,0	52,8

Kwak, Lee, Lee, Biging und Gong verwerfen in [Kwak, Lee, Lee, Biging, Gong, 2007] die Verwendung des Wasserscheiden-Verfahrens, da hier eine Übersegmentierung stattfindet und auch kleinere Bäume, die in Lücken der Hauptschicht erscheinen, segmentiert werden. Die Autoren beziehen sich dabei jedoch rein auf das ursprüngliche Segmentierungsergebnis, nicht auf ein Ergebnis nach der Selektion der Regionen anhand der jeweiligen Größe, wie dies beispielsweise bei [Diedershagen, Koch, Weinacker, Schütt, 2003] erfolgt. Die Autoren eliminieren zunächst deutlich herausragende, von der Breite her sehr begrenzte lokale Maxima des LIDAR-Modells, die zum Beispiel durch Sensorrauschen oder Messfehler auftreten können. Im geglätteten Modell suchen sie anschließend die lokalen Maxima. Sie verwenden nur eine sehr kleine Stichprobe von je ca. 40 Bäumen in drei Baumarten, um ihren Algorithmus zu verifizieren. Bei jeweils idealer Einstellung der Glättung werden je nach Baumart zwischen 67 und 87 Prozent der Individuen in einer 1:1-Relation erkannt.

Ke und Quackenbush stellen in ihrer Arbeit [Ke, Quackenbush, 2009] ein mehrstufiges Verfahren zur Erkennung von Einzelbäumen in Luftbildern vor. Sie verwenden zunächst ein regionenbasiertes, aktives Kontur-Model, um das Bild zu segmentieren. Anschließend erfolgt eine Einzelbaumerkennung, wobei abhängig von Eigenschaften wie der Regionengröße und der Ähnlichkeit zu Templates entschieden wird, ob es sich um einen Baum handelt. Im abschließenden Schritt werden bei den weiter unterteilten Regionen für die einzelnen Bäume mithilfe eines Gradienten-Verfahrens die Kronenumrisse bestimmt. Die Autoren vergleichen die Ergebnisse nur mit Ergebnissen einer manuellen Segmentierung des Bildmaterials, nicht mit einer terrestrischen Vollaufnahme.

Reitberger vergleicht in seiner Dissertation [Reitberger, 2010] den Wasserscheiden-Algorithmus mit einer Stammdetektion und einer Punktwolkenanalyse in so genannten Full-Waveform-Laserdaten. Dies sind Daten, bei denen kontinuierlich die Intensität der gemessenen Reflexion aufgezeichnet wird und nicht wie bei herkömmlichen Datensätzen nur die lokalen Maxima der Intensität. Er verwendet Laser-Daten mit einer Punktdichte zwischen 10 und 25 Punkten je Quadratmeter und wertet die Algorithmen auf 18 Referenzflächen mit insgesamt 3,75 Hektar Fläche aus, auf denen 1664 Bäume verschiedener Arten stehen. Für die Stammdetektion führt er eine hierarchische Untergliederung der Punktwolke aus und wertet dabei aus, welche Punkte den Stamm unterhalb der Krone getroffen haben. Aus diesen Treffern schließt er auf Baumpositionen. Seine Punktwolkenanalyse verwendet ein Verfahren, bei dem er die 3D-Punkte nach ihrer Entfernung zueinander und ihrem Helligkeitsunterschied in Verbindung setzt. Vorteil dieses Verfahrens ist, dass zum einen auch Bäume in der führenden Schicht erkannt werden können, die kein eigenes Maximum im Oberflächenmodell aufweisen, es zum anderen aber auch möglich ist, Bäume im Unterstand zu erkennen. Tabelle 2.3 vergleicht die Ergebnisse aus der Arbeit von Reitberger.

Guang, Li und Wu [Guang, Li, Wu, 2010] verwenden in ihren Untersuchungen Satellitenbilder von Plantagen mit regelmäßigen Baumabständen von 2m x 5m bis hin zu 4m x 10m zur Einzelbaumerkennung. Sie nutzen ein sechsstufiges Verfahren. Im ersten Schritt wird eine grundsätzliche Segmentierung des Bildes durchgeführt. Anschließend werden über den Vegetationsindex Bereiche des Bildes, die keine Bäume darstellen und zum Beispiel im Schatten liegen, herausgefiltert. Im dritten Schritt werden die eigentlichen Kronenspitzen selektiert, bevor im vierten Schritt die Größe der Kronen ermittelt wird. Im fünften Schritt werden die generierten Kronen anhand von Vegetationsindizes betrachtet, um zunächst fehlerhaft erzeugte Baumspitzen zu erkennen. Im sechsten Schritt werden die Kronenumringe abschließend noch geglättet. Wie auch bei Ke und Quackenbush werden die Ergebnisse nicht mit terrestrischen Referenzdaten, sondern nur mit einer manuellen Segmentierung des Bildes durch einen Operator verglichen. Der durchschnittliche Fehler bei der Erkennung der Anzahl der Einzelbäume wird mit 18,9 Prozent angegeben.

Tabelle 2.3: Untersuchungsergebnisse von Reitberger [Reitberger, 2010]

Verfahren	Erkennungsrate Oberschicht (%)	Erkennungsrate gesamt (%)	Zus. erkannte Bäume (% der Gesamtbaumzahl)
Wasserscheiden-Algorithmus	77	48	4
Wasserscheiden-Algorithmus mit zus. Stammsegmentierung	82	52	5
Analyse der Punktwolke	87	60	9

Heinzel, Weinacker und Koch veröffentlichen 2011 ein Verfahren, das Vorwissen bei der eigentlichen Einzelbaumerkennung berücksichtigt [Heinzel, Weinacker, Koch, 2011]. Die Idee des Verfahrens ist es, dass bei einer herkömmlichen Wasserscheiden-Segmentierung das Ergebnis (Über- oder Untersegmentierung) von der vorher ausgeführten Glättung der Daten abhängig ist. Die Autoren beschreiben ein Verfahren, um zunächst die Kronengröße für den zu betrachtenden Ausschnitt zu bestimmen. Anschließend wird das Oberflächenmodell abhängig von der Kronengröße geglättet und eine Wasserscheiden-Segmentierung ausgeführt. Das Wissen über die Kronengröße wird dabei als Vorwissen bezeichnet. Der Algorithmus erreicht auf den Referenzflächen eine Erkennungsrate von 80 Prozent.

Tabelle 2.4 stellt die hier vorgestellten Algorithmen nochmals zusammen und vergleicht – sofern in der Veröffentlichung spezifiziert – die Erkennungsraten.

Tabelle 2.4: Übersicht über den Stand der Technik bei den Einzelbaumalgorithmen

Autor	Jahr	Verfahren	Datengrundlage	Erkennungsrate (%)
Gougeon	1998	Valley-Following	Luftbilder, 100 P/m²	
Hyyppä, Inkinnen	1999	Wasserscheiden-Algorithmus	LIDAR, 10 P/m²	
Persson, Holmgren, Söderman	2002	Adaptiver Gaußfilter	LIDAR, 5 P/m²	71
Pouliot	2002	Suchmaske (Plantagen)	Luftbilder, 400 P/m²	80-91
Pouliot	2002	Suchmaske	Luftbilder, 400 P/m²	40-86
Erikson	2003	Partikelsimulation	Luftbilder	
Diedershagen, Koch, Weinacker, Schütt	2003	Wasserscheiden-Algorithmus	LIDAR	
Straub	2003	Wasserscheiden-Algorithmus	LIDAR, 4-5 P/m²	52
Gougeon, Lecki	2003	Suchmaske	Luftbilder, 1-100 P/m²	
Erikson	2004	Partikelsimulation	Luftbilder	77,2
Pitkänen, Maltamo, Hyyppä, Yu	2004	Maxima	LIDAR, 10 P/m²	49,2/79,4
Pitkänen, Maltamo, Hyyppä, Yu	2004	Fester Gaußfilter	LIDAR, 10 P/m²	36,7/61,4
Pitkänen, Maltamo, Hyyppä, Yu	2004	Adaptiver Gaußfilter	LIDAR, 10 P/m²	37/61,2
Pitkänen, Maltamo, Hyyppä, Yu	2004	Durchmesser	LIDAR, 10 P/m²	41,6/68,7
Pitkänen, Maltamo, Hyyppä, Yu	2004	Objekt-Filter	LIDAR, 10 P/m²	41,5/62,4

Autor	Jahr	Verfahren	Datengrundlage	Erkennungsrate (%)
Popescu, Wynne	2004	Suchmaske	LIDAR, 1 P/m²	
Garcia, Suárez, Patenaude	2007	Valley-Following (nach Gougeon)	LIDAR, 3-4 P/m²	60,2
Garcia, Suárez, Patenaude	2007	Suchmaske (nach Popescu)	LIDAR, 3-4 P/m²	71,8
Garcia, Suárez, Patenaude	2007	Wasserscheiden-Algorithmus (nach Weinacker)	LIDAR, 3-4 P/m²	76,0
Kwak, Lee, Lee, Biging, Gong	2007	Maxima	LIDAR, 1,8 P/m²	67,4-86,7
Gougeon	2009	Valley Following	Satellit und Luftbild	
Ke, Quackenbush	2009	Konturmodell	Satellit	
Katoh, Gougeon, Lecki	2009	Valley Following	Luftbild	
Reitberger	2010	Wasserscheiden-Algorithmus	LIDAR, 10-25 P/m²	77
Reitberger	2010	Wasserscheiden-Algorithmus	LIDAR, 10-25 P/m²	82
Reitberger	2010	Wasserscheiden-Algorithmus	LIDAR, 10-25 P/m²	87
Guang, Li, Wu	2010	Mehrstufiges Verfahren	Satellit	
Gougeon	2010	Valley-Following	Luftbilder, LIDAR bis 10 P/m²	
Heinzel, Weinacker, Koch	2011	Hintergrundwissen	LIDAR, 7 P/m²	80

2.2 Extraktion und Berechnung von Geländedaten

Aus der Gruppe um Briese und Pfeifer (TU Wien) finden sich umfangreiche Veröffentlichungen rund um die Prozessierung von Daten eines Laserscanners, insbesondere auch in Waldgebieten. In [Pfeifer, Reiter, Briese, Rieger, 1999] wird bereits ein Ansatz vorgestellt, um Bodenmodelle mit hoher Qualität in bewaldeten Gebieten aus Laserscannerdaten ableiten zu können. Die Autoren entwerfen hier Filter, um die Vegetation zu entfernen. Wege, Gräben und ähnliche Strukturen bleiben hingegen weitestgehend erhalten.

In [Briese, Pfeifer, 2001] und [Pfeifer, Stadler, Briese, 2001] werden weitere Filter eingeführt und veranschaulicht, die die Qualität der Geländemodelle weiter erhöhen.

In weitergehenden Arbeiten entwerfen die Autoren Verfahren, um Kanten im Gelände zu erkennen und in Geländemodellen zu berücksichtigen [Briese, Kraus, Pfeifer, 2002], [Briese, 2004, International Archives of Photogrammetry and Remote Sensing]. Im Rahmen seiner Dissertation stellt Briese schließlich semi-automatische Verfahren vor und zeigt Ergebnisse auf triangulierten und regelmäßigen Geländemodellen [Briese, 2004, Dissertation]. Er verbindet diese Informationen mit Ideen zur Datenreduktion in Geländemodellen [Briese, Kraus, 2003].

Nach Analyse der im Rahmen der für die hier vorliegende Arbeit zur Verfügung stehenden Laserscanner-Daten zeigte sich, dass die Geländemodelle hier bereits mit den von Briese gezeigten Beispielen vergleichbar sind. Die Vegetation ist in beiden Beispielen (Abbildung 2.1) nahezu vollständig eliminiert. Das hier zur Verfügung stehende Modell zeigt lediglich deutlichere Interpolationsartefakte. Aus diesem Grund war es nicht erforderlich, in dieser Richtung zusätzliche Ansätze zu entwickeln oder zu integrieren. Das im Rahmen dieser Arbeit genutzte Bodenmodell wurde beim Datenlieferanten manuell bereinigt, an dieser Stelle könnten Verfahren wie das von Briese zukünftig den Aufwand reduzieren.

 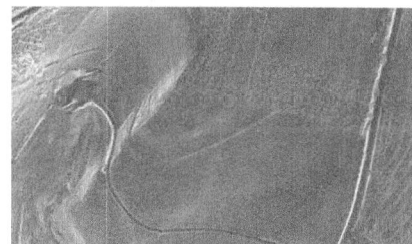

Abbildung 2.1: Vergleich der Ergebnisse von Briese [Briese, 1999] (links) mit den für diese Arbeit zur Verfügung stehenden Geländemodellen (rechts)

Hirschmüller [Hirschmüller, 2008] entwickelt einen Weg, um Oberflächenmodelle über Stereobildauswertung aus Luftbildern zu extrahieren. Mit diesem Verfahren können zum einen so genannte True-Ortho-Luftbilder prozessiert werden, bei denen die in herkömmlichen Luftbildern störend auftretende Parallaxe herausgerechnet wurde, zum anderen aber auch preiswert großflächige Oberflächenmodelle erstellt werden. Im Rahmen dieser Arbeit standen neben den Daten aus Laserscanner-Befliegungen auch Oberflächenmodelle zur Verfügung, die nach diesem Verfahren berechnet wurden.

2.3 Abgrenzende Geometrien für Waldflächen

Um großflächig Waldmodelle zu erstellen, wird eine Abgrenzung benötigt, die aufzeigt, wo sich im Gelände Wald befindet. Dies wäre über eine flächendeckende spektrale oder strukturelle Analyse von Fernerkundungsdaten möglich, jedoch gibt es bereits entsprechende Datensätze, die Wälder beschreiben. Neben den von öffentlichen Stellen oder von kommerziellen Anbietern verfügbaren Datensätzen stehen zunehmend auch freie Daten, die von einer großen Zahl von Freiwilligen erhoben wurden, zur Verfügung.

ATKIS [GEObasis.nrw, 2011] stellt in Nordrhein-Westfalen eine amtliche Gliederung der Landschaft in verschiedene Vegetations- und Bebauungstypen dar. Für Waldlandschaften werden in ATKIS Laub-, Nadel- und Mischwald unterschieden. Noch detaillierter stehen Informationen über Wälder in den Geometrieteilen der Forsthierarchie sowie in der daraus abgeleiteten Forstbetriebskarte [Landesbetrieb Wald und Holz NRW, 2011]. Auch international stehen häufig entsprechende Produkte zur Verfügung. [Lawrence, 2011] gibt ein Beispiel für die „MasterMap" von Großbritannien, die von Ordnance Survey geführt wird. Auf EU-Ebene wird flächendeckend der CORINE-Landcover-Datensatz gepflegt [European Environment Agency, 2012 und Keil, Bock, Esch, Metz, Nieland, Pfitzner, 2010]. Hier sind Umrisse für Agrarforst, Laub-, Nadel- und Mischwald enthalten. Die CORINE-Daten werden aus Satellitenbildern hergeleitet.

Kommerziell sind Nutzungsarten und Waldgrenzen beispielsweise von Logiball [Logiball, 2012] erhältlich. In der „Outdoor Navigation Map" dieses Anbieters wird neben Wegen und Topografie-Informationen auch die jeweilige Nutzungsart angegeben.

Während die bisher genannten Datensätze entweder aus Fernerkundungsdaten hergeleitet wurden oder von Spezialisten eingemessen wurden, gibt es im Rahmen der Open Street Map Initiative (OSM) die Bestrebung, den „Bürger als Sensor" einzusetzen [Goodchild, 2007]. Open Street Map bietet einen vektorbasierten, routingfähigen Kartensatz, der jedoch auch Umrisse von Waldgebieten liefert. [Neis, Zielstra, Zipf, 2012] beschreiben die Entwicklung dieser Kartengrundlage in Deutschland. Ather überprüft in seiner Dissertation [Ather, 2009] die Qualität der OSM Daten anhand von über 300km Straßenverläufen, die er mit offiziellen Karten vergleicht. Er kommt zum Schluss, dass die Daten die Realität bereits gut annähern, jedoch für kommerzielle, fehlerkritische Applikationen noch nicht ausreichend sind. Abbildung 2.3 vergleicht die Waldumrisse der OSM-Daten mit Luftbildern. Auch hier zeigt sich, dass die Geometrien bereits an vielen Stellen den Wald sehr gut beschreiben, es jedoch auch immer wieder Abweichungen gibt. Auch wenn kurzfristig die zur Verfügung stehende Datenmenge und -detaillierung aufgrund eines Wechsels des Lizenzierungsmodells reduziert werden wird [Openstreetmap: Datenverlust bei Lizenzwechsel], ist mittelfristig zu erwarten, dass aufgrund der beständig anwachsenden Benutzerzahl die Daten immer genauer werden und Fehler mehr und mehr behoben werden.

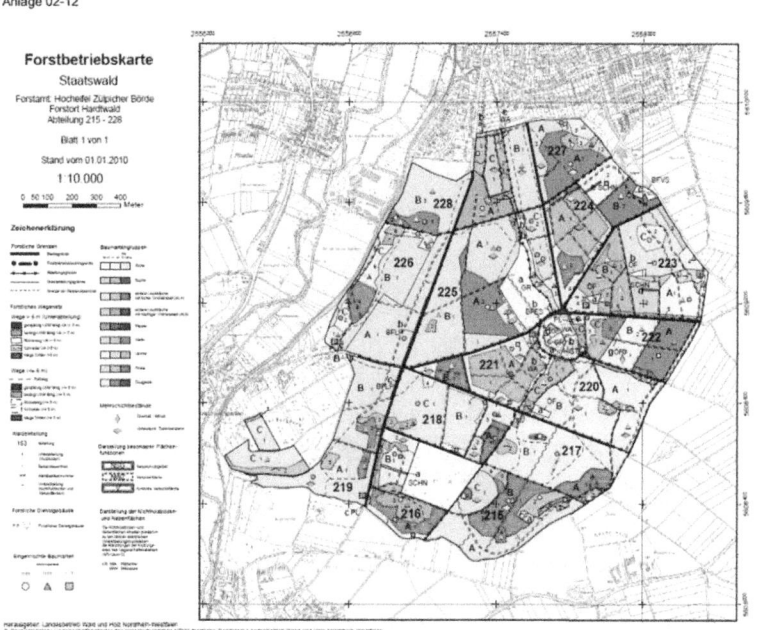

Abbildung 2.2: Forstbetriebskarte (Bild:[Landesbetrieb Wald und Holz NRW, 2011])

2.4 Generierung von Baumattributen

Neben der Position sind auch die Attribute eines Einzelbaums bei der Generierung von realistischen Waldmodellen entscheidend. Als ein wesentliches Attribut ist hier die Baumart zu nennen. In diesem Abschnitt sollen daher Verfahren zur Klassifizierung von Baumarten aus Fernerkundungsdaten zusammengestellt werden.

Holmgren und Persson untersuchten 2003 die Eignung von Laserscannern zur Klassifikation von Baumarten [Holmgren, Persson, 2004]. Sie setzen die bereits in [Persson, Holmgren, Söderman, 2002] verwendeten Laserdaten mit ca. fünf Messpunkten je Quadratmeter und einem Durchmesser des Messstrahls von ca. 26cm ein. Die Autoren beschränken sich dabei auf Kiefern und Fichten, da diese Baumarten 81% aller in ihrem Testgebiet vorkommenden Bäume stellen. Sie vergleichen die Boden-, Zwischen- und Oberflächenechos der Bäume und erzielen bei der Unterscheidung zwischen den beiden Baumarten eine Zuverlässigkeit von 95 Prozent.

Abbildung 2.3: Bestandeseinheiten der Forsthierarchie (oben) und Open Street Map-Geometrien (unten) in Vergleich mit einem Luftbild

Reitberger [Reitberger, 2010] verwendet in seiner Dissertation Full-Waveform-Daten eines Laserscanners und untersucht diese bezüglich verschiedener Eigenschaften wie Form eines einhüllenden Paraboloids, vertikale Verteilung des

Baummaterials, Reflexionseigenschaften, Größe und Form der Baumelemente und Durchdringbarkeit. Er betrachtet verschiedene Belaubungszustände des Waldes und analysiert die dafür geeigneten Klassifikationsparameter. Für die Trennung von Laub- und Nadelholz erreicht er eine Gesamtgenauigkeit von ca. 94 bis 95 Prozent. Auch die Erkennungsrate der Baumarten Fichte und Tanne innerhalb des Nadelbaumsatzes ist mit 95 beziehungsweise 81 Prozent hoch. Hingegen gelingt es nicht, Buche und Ahorn zu trennen.

Roßmann und Krahwinkler nutzen zusätzlich zu den Daten des Laserscanners spektrale Eigenschaften des Waldes, um die Baumart abzuleiten [Roßmann, Krahwinkler, 2009]. Dabei wird über einen Entscheidungsbaum anhand verschiedener Indizes entschieden, um welche Baumart es sich bei einem vorsegmentierten Objekt handelt. In [Krahwinkler et. al. 2011] wird anstelle einer fest vorgegebenen Entscheidungsstruktur der Entscheidungsbaum über so genannte „Support-Vector-Machines" (SVN) aus Referenzdaten ermittelt, sodass der Algorithmus auch schnell an Datensätze verschiedener Sensoren oder an solche, die unter verschiedenen Aufnahmebedingungen entstanden sind, angepasst werden kann. Bei einer Auswertung für die Baumarten Fichte, Douglasie, Kiefer, Lärche, Eiche, Buche und sonstiges Laubholz erreicht der Ansatz eine Erkennungsgenauigkeit von 72 Prozent.

2.5 Ableitung forstlicher Attribute aus Fernerkundungsdaten

Weitere relevante Einzelbaum-Attribute neben der Baumart sind zum Beispiel die Baumhöhe, der Kronendurchmesser, der Kronenansatz, der Brusthöhendurchmesser und das Derbholzvolumen des Baumes. Generell kann man hierbei zwei Ansätze unterscheiden: direkte Ableitung des Attributs aus den Fernerkundungsdaten oder Nutzung anderer Attribute zu Berechnung, die jeweils aus Fernerkundungsdaten hergeleitet wurden.

Für die Höhe stellt Næsset in [Næsset, 1997] eine systematische Unterschätzung der Höhenwerte bei Nutzung eines flugzeuggetragenen Laserscanners fest. Er betrachtet hier sehr niedrig aufgelöste Laserdaten mit ca. 0,1 Messpunkten/m², die jedoch nur eine sehr geringe Strahldivergenz aufweisen und am Boden einen Strahldurchmesser von 13 cm bis 16 cm haben. Seine Auswertung erfolgt bestandesweise, er ermittelt Abweichungen von bis zu 5m, die jedoch durch eine segmentweise Berechnung auf knapp 2m reduziert werden können. [Persson, Holmgren, Söderman, 2002] verwenden sehr viel dichtere Daten mit ca. 5 Messpunkten/m² und betrachten eine Höhenauswertung für Einzelbäume. Auch sie stellen eine systematische Unterschätzung der Baumhöhe um durchschnittlich 0,63m fest. Dieser Wert wird jedoch als vergleichbar mit dem üblichen Fehler bei einer herkömmlichen Messung vor Ort beschrieben. [Hyyppä,

Inkinnen, 1999] ermitteln sogar eine Abweichung von nur 14cm und vergleichen diese mit einer üblichen Abweichung bei der terrestrischen Messung von 0,5m für kleinere Bäume und 1m für Bäume über 25m Höhe. Rössler vergleicht hierzu Messverfahren auf österreichischen Dauerbeobachtungsflächen [Rössler, 2000]. Bei Verwendung des in Nordrhein-Westfalen üblichen Messgerätes „Vertex" bei der Baumart Buche nennt er Abweichungen bis zu 3,1m gegenüber der von mehreren Probanden durchschnittlich gemessenen Höhe. Generell kann man nach seinen Ergebnissen bei einer Höhenermittlung über Laserscanner eher von einer Unterschätzung des tatsächlichen Wertes, bei einer Messung mit dem „Vertex" eher von einer Überschätzung ausgehen.

Zur Berechnung von weiteren Einzelbaumattributen verwenden Hyyppä und Inkinnen [Hyyppä, Inkinnen, 1999] den maximalen Höhenwert innerhalb eines Segmentes als Baumhöhe h und leiten aus der Segmentfläche A den Kronendurchmesser L mit

$$L = \sqrt{\frac{4A}{\pi}} \quad (2.1)$$

ab.

Sie leiten einen Zusammenhang zwischen dem Brusthöhendurchmesser d und den direkt abgeleiteten Werten her:

$$d = \alpha L + \beta h + \gamma \quad (2.2)$$

wobei α, β und γ entsprechend der lokalen Gegebenheiten angepasst werden müssen. Weiterhin geben die Autoren Zusammenhänge zum Vorrat v für die Baumarten Fichte, Kiefer und Birke an (Tabelle 2.5). Sie beziehen sich hier auf eine Veröffentlichung von Laasasenaho [Laasasenaho, 1982].

Tabelle 2.5: Stammvolumen für die Baumarten Kiefer, Fichte und Birke nach Hyyppä und Inkinnen [Hyyppä, Inkinnen, 1999]

Art	Volumen
Kiefer	$v = 0,036089 * d^{2,01395} * (0,99676)^d * h^{2,07025} * (h - 1,3)^{-1,07209}$
Fichte	$v = 0,022927 * d^{1,91505} * (0,99146)^d * h^{2,82541} * (h - 1,3)^{-1,53547}$
Birke	$v = 0,011197 * d^{2,10253} * (0,986)^d * h^{3,98519} * (h - 1,3)^{-2,65900}$

Bei einer guten Parametrierung der Formel (2.2) erzielen die Autoren mit diesen Formeln einen sehr guten Zusammenhang zwischen den aus Fernerkundungsdaten gemessenen und den terrestrisch aufgenommenen Daten.

In einem Online-Forstrechner [Rast, 2012] wird hingegen die erweiterte Denzin-Funktion zur Bestimmung des Holzvolumens empfohlen:

$$V = \frac{d^2}{1000} * (1 + ((h - Normalhöhe) * Volumenkorrektur)) \qquad (2.3)$$

Die Höhe wird hier wiederum in Meter angegeben, der Durchmesser in Zentimetern und das Volumen in Kubikmetern. Tabelle 2.6 listet die Parameter für die einzelnen Baumarten auf.

Tabelle 2.6: Parameter der erweiterten Denzin-Gleichung zur Holzvolumenberechnung nach [Rast, 2012]

Baumart	Normalhöhe	Volumenkorrektur
Fichte	19+0,2*d	4%
Tanne	21+0,1*d	4%
Lärche	17+0,3*d	5%
Kiefer	28	3%
Buche	25	3%
Eiche	24	3%
Birke	31	3%
Erle	27	3%

Tremer, Fuchs und Kleinn tragen im Abschlussbericht zum Projekt „Virtueller Wald II" weitere Abhängigkeiten zusammen und entwickeln einen Zusammenhang zwischen Baumhöhe und Brusthöhendurchmesser [Tremer, Fuchs, Kleinn, 2009]. Der Brusthöhendurchmesser d lässt danach durch

$$d[cm] = a * h[m]^b \qquad (2.4)$$

abschätzen. Dabei sind die Parameter a und b für die Baumarten Buche und Fichte bestimmt worden (Tabelle 2.7).

Tabelle 2.7: Freie Parameter der Brusthöhenformel

Baumart	a	b
Buche	0,3985	1,3809
Fichte	0,9697	1,1066

Für die Kronenansatzhöhe Ka nutzen sie die in der Software BWINPro implementierte Funktion [Döbbeler, Albert et. al., 2003]:

$$Ka = h * \left(1 - e^{-abs\left(p_0 + p_1 * \frac{h}{d} + p_2 * d + p_3 * ln(H_{100})\right)}\right) \qquad (2.5)$$

mit den in Tabelle 2.8 aufgeführten, baumartenspezifischen Parametern. Die Oberhöhe H_{100} gibt dabei die durchschnittliche Höhe der 100 stärksten Bäume der entsprechenden Baumart im Bestand an.

Tabelle 2.8: Baumartenspezifische Parameter der Funktion zur Ermittlung der Kronenansatzhöhe

Baumart	p0	p1	p2	p3
Eiche	-0,5268	0,2287	-0,00453	0,4712
Roteiche	0,3652	0,3556	-0,00558	0,1373
Buche	0,25704	0,11819	-0,0020628	0,13831
Hainbuche	-0,8466	0,1534	-0,01084	0,6002
Esche	-0,3708	0,4211	-0,003	0,3242
Ahorn	-0,3191	0,0475	-0,0057	0,4066
Birke	-0,3298	0,2577	-0,003778	0,6697
Fichte	2,0417	-0,3335	0,00906	-0,9004
Küstentanne	-3,365	0,0541	-0,01411	1,4014
Douglasie	-1,8796	0,34056	-0,0061	0,8262
Kiefer	1,2085	-0,2392	0,00742	-0,7897
Europ. Lärche	0,8225	-0,4688	-0,00317	-0,4282
Jap. Lärche	-1,041	0,4789	-0,00914	0,6266

Zur Ableitung des Stammvolumens schlagen die Autoren die Nutzung der Pain-Funktion [Pain, Boyer, 1997] unter der Parametrierung von Schmidt [Schmidt, 2001] vor. Die Pain-Funktion berechnet für eine bekannte Baumhöhe und einen bekannten Brusthöhendurchmesser die Schaftradien auf einer beliebigen Höhe:

$$r(h_{rel}) = \alpha * (1 - h_{rel}^3) + \beta * (ln(h_{rel})) \qquad (2.6)$$

mit

$$\alpha = a_0 + a_1 * \left(\frac{1}{ln\left(h^{\frac{1}{d}}\right)}\right) + a_2 * \left(\frac{1}{\left(\frac{h}{d}\right)^2}\right) \qquad (2.7)$$

$$\beta = b_0 + b_1 * \left(\frac{1}{ln\left(h^{\frac{1}{d}}\right)}\right) + b_2 * \left(\frac{1}{\left(\frac{h}{d}\right)^2}\right) \qquad (2.8)$$

Tabelle 2.9 gibt die baumartenspezifischen Parameter der Funktion für die Baumart Fichte an.

Das Volumen kann als Integral über die Pain-Funktion berechnet werden:

$$V = \int_0^1 \pi * r(x)^2 dx \qquad (2.9)$$

Diese forstfachlichen Zusammenhänge lassen zum einen eine genauere Darstellung des Waldmodells zu, da hiermit auch die Kronenansatzhöhe und die Stammdicke modelliert werden können. Zum anderen sollen sie im Rahmen der Analyse des vorgestellten Verfahrens genutzt werden.

Tabelle 2.9: Koeffizienten für die Baumart Fichte nach [Schmidt, 2001]

Koeffizient	Wert
a0	-0,223
a1	1,595
a2	-3,155
b0	0,512
b1	-0,158
b2	-0,502

3 Datengrundlage

Zum Testen des vorgestellten Verfahrens standen Datensätze aus verschiedenen Testgebieten zur Verfügung. Die Datensätze wurden mit verschiedenen Aufnahmesystemen in verschiedenen Gegenden aufgenommen, sodass sichergestellt ist, dass das vorgestellte Verfahren nicht nur in einem Spezialfall funktioniert. Im Einzelnen handelt es sich um Testdatensätze aus folgenden Gebieten:

3.1 Testgebiet 1: Glindfeld

Das Testgebiet Glindfeld (Abbildung 3.1) wurde bereits im März und April 2004, sowie im Juli und August 2005 beflogen. Zu diesem Zeitpunkt war der Sensor Toposys Falcon II Stand der Technik. Das System basiert auf einem

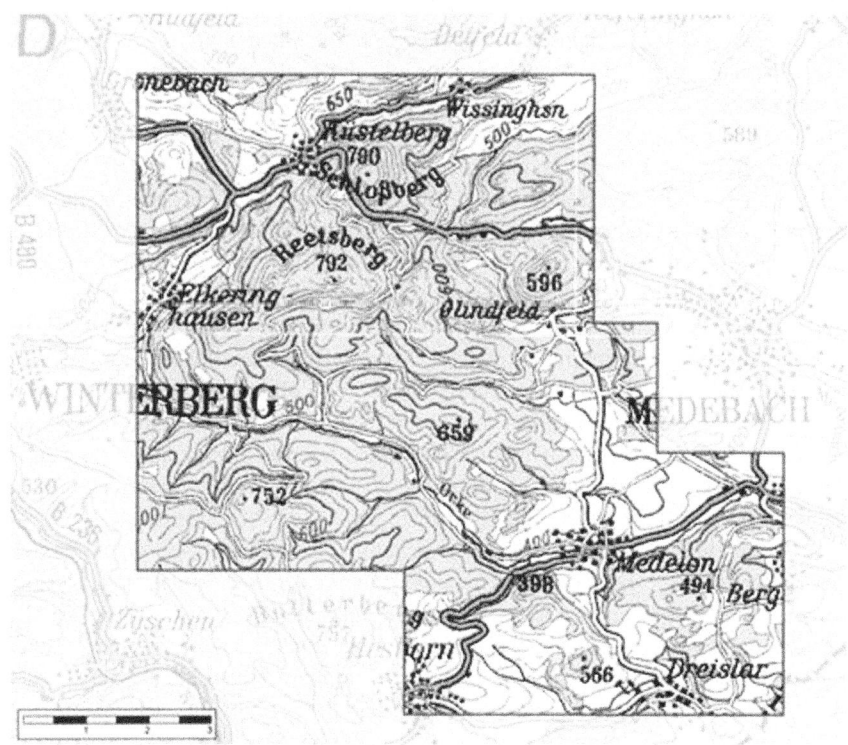

Abbildung 3.1: Lage des Testgebietes Glindfeld

Flugzeug vom Typ Piper Seneca, dessen Bewegungen mit Hilfe eines Satellitennavigationssystems („Differential Global Positioning System", D-GPS) und einer Trägheitsnavigationseinheit („Inertial Measurement Unit", IMU) sehr genau aufgezeichnet werden. Im Flugzeug sind ein Laseremitter und ein Laserdetektor angebracht. Über einen rotierenden Spiegel wird der Laser abwechselnd in 128 verschiedene Lichtleiter aus Glasfaser geleitet, die in Fächerform quer zur Flugrichtung nach unten zeigen. In jede Faser wird ein 5ns anhaltender Laserpuls gegeben, dessen Echo über ein separates Faserbündel aufgefangen wird. Eine Auswerteelektronik misst die Zeit, die das Laserlicht zum Boden und zurück zum Flugzeug benötigt (Prinzip „Time-of-Flight-Scanner"). Eine Faser des Bündels dient als Kalibrationsstrecke. Sie führt direkt vom Laser zur Auswerteeinheit und hat eine genau definierte Länge.

Da der emittierte Laserstrahl am Boden nicht mehr idealisiert als punktförmig angenommen werden kann, sondern bereits bei einer Entfernung von 1200m einen Durchmesser von ungefähr 80cm aufweist, kann es zu mehreren Reflexionen kommen, die den Empfänger zu verschiedenen Zeiten erreichen. Beim Falcon II kann die Auswerteelektronik die Laufzeiten von maximal acht verschiedenen Echos bestimmen. Davon werden die Werte des ersten und des letzten Echos aufgezeichnet. Insgesamt können vom Falcon II 83.000 Messpunkte je Sekunde mit erstem und letztem Echo aufgenommen werden.

Der erste zurückgelieferte Wert, das sogenannte „First-Echo" ist im Allgemeinen die Reflexion der Bewuchsoberkante beziehungsweise der Bebauungsoberfläche. In diesem Kanal werden allerdings auch Hindernisse, die sich zwischen dem Flugzeug und der zu scannenden Fläche befinden, erfasst. Ein Beispiel wäre hier ein Vogel, der über den zu erfassenden Wald fliegt. Das First-Echo wird vom Datenlieferanten entsprechend gefiltert, um solche Störungen zu beseitigen [Wiechert, 2004]. Die unregelmäßige Wolke aus Messpunkten wird anschließend in ein festes Raster einsortiert. Stellen, an denen keine Messwerte vorliegen, werden durch ein nicht näher spezifiziertes Interpolationsverfahren berechnet. Das Ergebnis wird als digitales Oberflächenmodell („Digitales Oberflächenmodell" DOM oder „Digital Surface Model" DSM) bezeichnet.

Der letzte gemessene Wert, das sogenannte „Last-Echo", soll die Reflexion des Bodens liefern. De facto ist dies eine sehr idealisierte Darstellung, da zum einen nicht sichergestellt ist, dass acht aufgezeichnete Werte ausreichen, um alle Reflexionen zwischen Oberfläche und Boden zu erfassen, zum anderen ist aber auch nicht sichergestellt, dass der Boden überhaupt luftsichtbar ist. Bei der Filterung des Last-Echos kommen verschiedene Filter und Heuristiken zum Einsatz, die Störungen durch Gebäude und Vegetation reduzieren sollen. Darüber hinaus werden die Daten des Bodenmodells aufwendig manuell nachbearbeitet, um verbliebene Artefakte und Störungen zu beseitigen. Das Ergebnis wird wiederum gerastert und als „Digitales Geländemodell" (DGM) oder „Digital Terrain Model" (DTM) bezeichnet.

Das DGM weist durch die umfangreiche Filterung der Bodenvegetation häufig größere Lücken auf. Auch diese werden anschließend interpoliert. Da der Anteil der interpolierten Punkte hier sehr hoch ist, spricht der Datenanbieter nun von einem FDGM, einem „gefüllten digitalen Geländemodell", beziehungsweise von einem FDTM für „Filled Digital Terrain Model".

Häufig wird als weiteres Laserprodukt das Differenzmodell oder normalisiertes Oberflächenmodell (nDOM oder nDSM für „normalised Digital Surface Model") aufgeführt. Die Werte ergeben sich als Differenz zwischen den Werten des Oberflächenmodells und des gefüllten Geländemodells. Entsprechend sind in diesem Datensatz Bewuchshöhen relativ zum Boden erkennbar. Dieser Datensatz wird entsprechend in der Literatur häufig auch als Kronenhöhenmodell („Canopy Height Model", CHM) bezeichnet.

Parallel zum Laserscanner ist beim Falcon II eine Vierkanal-Zeilenkamera angebracht. Diese Kamera kann Daten im RGB-Farbbereich, sowie im nahen Infrarot liefern. Bei der Weiterverarbeitung werden die aufgenommenen Bilddaten auf das Oberflächenmodell projiziert, um eine räumliche Entzerrung vorzunehmen. Mit seiner Zeilenkamera hat der Falcon II in Flugrichtung einen extrem geringen Öffnungswinkel. Quer zur Flugrichtung wird mit einer deutlichen Überlappung geflogen, sodass in der Regel nur der zentrale Teil des Bildes verwendet wird. Es ergibt sich ein sogenanntes „True-Ortho-Bild", das jeden Geländepunkt quasi von oben zeigt. Bildpunkte des Randbereiches werden nur benötigt, um eventuelle Lücken, die sich nach der Projektion durch Abschattungen in den benachbarten Flugstreifen ergeben, auszugleichen. Ferner wird ein radiometrischer Abgleich vorgenommen, um die Farbwerte der einzelnen Flugstreifen aufeinander anzupassen. Dies ist erforderlich, da die einzelnen Streifen nicht zeitgleich aufgenommen wurden und es daher unter anderem durch verschiedene Sonnenstände und Bewölkungssituationen zu Farbabweichungen kommen kann.

Der Vorteil des Falcon II liegt darin, dass sämtliche Sensorik in ein System integriert wurde, das auf eine Bodenluke des Flugzeugs montiert werden kann. Jedoch entspricht die Abmessung des Sensors nicht dem Standard, sodass nach Firmenaussagen nur spezielle Flugzeuge verwendet werden können. Der Falcon II wurde demzufolge auch nicht als Gerät kommerziell vertrieben. Der Hersteller Toposys offerierte lediglich Dienstleistungen unter Verwendung des Scanners.

Tabelle 3.1 führt die Spezifikationen der durchgeführten Befliegung im Gebiet Glindfeld auf.

Tabelle 3.1: Auflösungen bei der Befliegung Glindfeld

Sensor	Layer	Auflösung (räumlich)	Wertebereich	Prozessierung
Falcon II	Luftbild RGB	0,5m	Werte im RGB-Farbraum mit 8 Bit Farbtiefe	Radiometrische Anpassung, True-Ortho-Berechnung
	Luftbild CIR	0,5m	Werte im RGB-Farbraum mit 8 Bit Farbtiefe	Radiometrische Anpassung, True-Ortho-Berechnung
	Oberflächenmodell DOM	1m	Höhenangaben mit einer Auflösung von 1,95cm	Filterung
	Geländemodell DGM	1m	Höhenangaben mit einer Auflösung von 1,95cm	Filterung, manuelle Nachbearbeitung
	Geländemodell FDGM	1m	Höhenangaben mit einer Auflösung von 1,95cm	Filterung, manuelle Nachbearbeitung, Interpolation
	Normalisiertes Oberflächenmodell (nDOM)	1m	Höhenangaben mit einer Auflösung von 1,95cm	Ableitung aus DOM und FDGM

Bei der ersten Befliegung im März und April 2004 wurden flächendeckend alle genannten Produkte geliefert. Bei der zweiten Befliegung im Juli und August wurde auf die erneute Berechnung eines Bodenmodells verzichtet. Durch die dichtere Vegetation hätte dies einen großen Aufwand bedeutet, wohingegen die Veränderungen gegenüber dem Vorjahr eher vernachlässigbar gewesen sein dürften.

Innerhalb des Befliegungsgebietes liegt eine Dauerbeobachtungsfläche, in der mit terrestrischer Genauigkeit vermessene Bäume als Referenzpunkte für die Einzelbaumerkennung verwendet werden können.

Die Qualität der Höhenmesswerte des Falcon II kann im Nachhinein als problematisch bezeichnet werden. Es zeigte sich am Oberflächenmodell, dass die gesamte Oberfläche etwas schwammig wirkte. Nähere Untersuchungen der Daten zeigten, dass die Dichte der Messpunkte räumlich stark schwankte. Besonders gut lässt sich dies grafisch verdeutlichen. Abbildung 3.2 zeigt eine

Karte der Punktdichten, wobei jeder Punkt der Karte einen Quadratmeter repräsentiert. Auffällig ist, dass große Teile des gescannten Geländes nicht erfasst wurden (weiße Einfärbung). Wenn man sich die Konstruktion des Scanners näher ansieht, so fällt ein starker Unterschied in der Auflösung in Flugrichtung und quer dazu auf. Während sich bei einer Geschwindigkeit von ca. 150 Knoten (ca. 280 km/h) und einer Zeilenfrequenz von 653Hz ein Abstand zwischen zwei

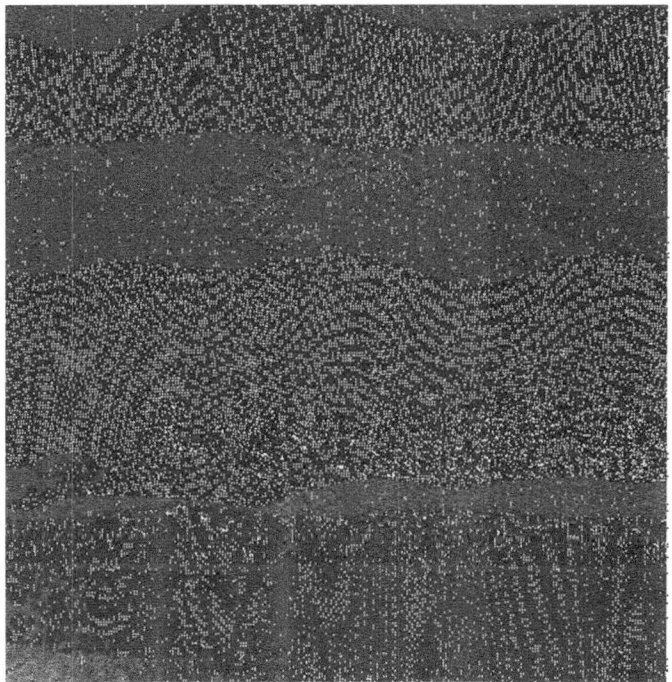

Abbildung 3.2: Räumliche Verteilung der Messpunkte des Falcon II Scanners im Testgebiet Glindfeld (Ausschnitt von 500m x 500m). Weiß: Nicht getroffene Rasterzellen

Messzeilen von nur 12cm ergibt, liegen die Messpunkte quer zu Flugbahn ca. 2,4m auseinander. Der Hersteller versucht, diese geringere Auflösung zu kompensieren, indem er die Faserfächer sinusförmig schwingen lässt, die Messzeilen also leicht gegenseitig versetzt. Trotz des Versatzes kommt es aber immer wieder zu Bereichen, die nicht getroffen werden. Nach Rücksprache mit dem Hersteller hat sich hier ergeben, dass der Sensorkopf mit einer deutlich höheren Frequenz schwingen müsste, um eine homogene Abbildung der Fläche zu erzielen, was aber aufgrund der Anforderungen an die Haltbarkeit des Scanners nicht möglich ist. Fehlende Messpunkte sind im Berechnungsprozess des Anbieters durch interpolierte Werte aus Nachbarzellen ersetzt worden.

Zusätzlich weist der Falcon II Scanner mit ca. 80cm eine relativ große Aufweitung des Messstrahls auf. Durch die ungleichmäßige Verteilung der Messpunkte und die dadurch erforderliche Interpolation sowie durch den großen Strahldurchmesser lässt sich erklären, warum die Scanergebnisse mit diesem Scanner visuell eher unscharf wirken.

Die Ergebnisse der Zeilenkamera sind hingegen auch quer zur Flugrichtung ausreichend aufgelöst, sodass diese nicht sinusförmig bewegt werden muss.

3.2 Testgebiet 2: Schmallenberg

Im Vorfeld der KWF-Tagung 2008 wurden ca. 304km² Fläche im Gebiet Schmallenberg beflogen (Abbildung 3.3). Aus den Erfahrungen mit dem Falcon II-Sensor wurden neue Anforderungen an die Befliegung gestellt. Insbesondere wurde auch darauf Wert gelegt, dass die Messpunkte gleichmäßig über die Fläche verteilt sind. Nach einer ausführlichen Evaluationsphase fiel die Wahl auf einen Riegl LMS-Q560 Laserscanner [Riegl, 2010]. Zusätzlich sollte die Fläche in einer zweiten Befliegung mit der HRSC-AX Kamera des DLR abgebildet werden [Wewel, Scholten, Gwinner, 2000].

Abbildung 3.3: Das Befliegungsgebiet Schmallenberg im Sauerland

Der Riegl LMS-Q560 arbeitet intern nach einem anderen Konzept als der Falcon II-Scanner. Hier wird der Laserstrahl mithilfe eines rotierenden Polygonalspiegels abgelenkt, also mit einem gleichseitigen Vieleck, dessen Außenkanten verspiegelt sind und das sich mit gleichmäßiger Geschwindigkeit um seinen Mittelpunkt dreht. Während beim Faserscanner Falcon II die Messpunkte auf einer Ebene unter dem Flugzeug gleichmäßig verteilt sind, zeigt sich systembedingt beim Riegl-Scanner eine stärkere Punktdichte direkt unter dem Flugzeug, wohingegen die Ränder der einzelnen Flugstreifen mit deutlich weniger Punkten abgetastet werden. Demzufolge muss bei Einsatz des Riegl-Scanners mit einer deutlichen Überlappung der einzelnen Flugbahnen geflogen werden.

Die Laserbefliegung erfolgte trotz schlechten Wetters im Mai und Juni 2007. Nach der ersten Datenlieferung zeigte die Punktdichtenkarte erhebliche Lücken, sodass eine Nachbefliegung im September und Oktober 2007 erforderlich war (Abbildung 3.4). Die Daten wurden aus einer Flughöhe zwischen 400m

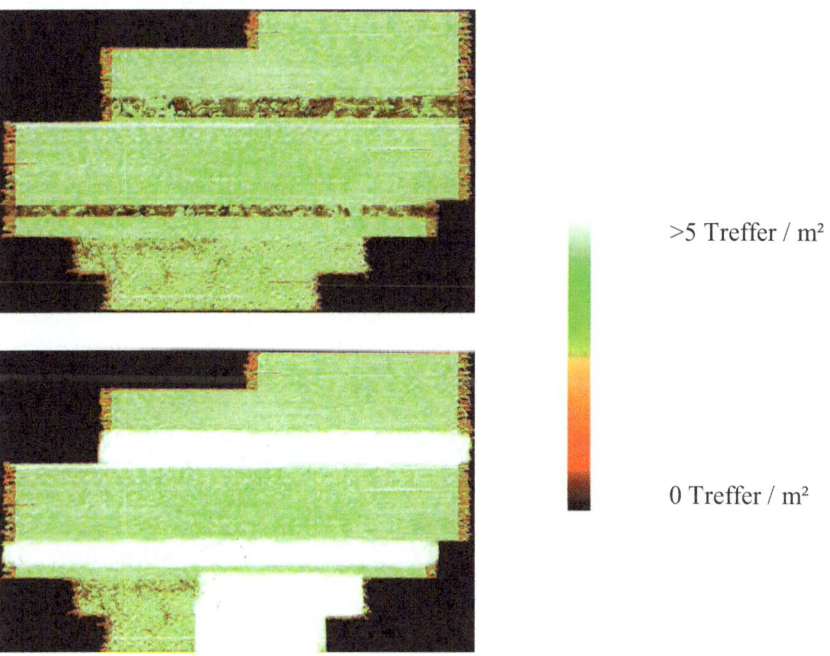

Abbildung 3.4: Punktdichte im Befliegungsgebiet Schmallenberg vor und nach der Ergänzungsbefliegung

und 700m über Grund erhoben, wobei der Laserstrahl am Boden auf knapp 40cm aufgeweitet war. Im Gegensatz zum älteren Falcon-Scanner erlaubt die Riegl-Technik die Aufnahme eines sogenannten „Full-Waveform-Profils". Dabei wird die Intensität der Reflexion vom Empfänger permanent abgetastet und aufgezeichnet. Nach Herstellerangaben können Intensitäten von Höhenschichten, die jeweils zwei Zentimeter stark sind aufgezeichnet werden, was auf eine Abtastfrequenz in der Größenordnung 7,5 GHz schließen lässt. Auch bei der Frequenz der Messungen ist der Riegl-Scanner dem Toposys-System überlegen. Die maximale Messfrequenz liegt nach Datenblatt des Scanners [Riegl, 2010] bei 160 kHz, muss aber bereits bei einer Flughöhe von 750m deutlich reduziert werden.

Mit dem moderneren Scanner war eine flächige Punktdichte von vier bis sechs Punkten je Quadratmeter möglich. Zwei Verdichtungsgebiete wurden darüber hinaus mit einem Hubschrauber beflogen, womit mindestens 12 Messpunkte je Quadratmeter erreicht werden sollten. Aus den Full-Waveform-Daten wurden zunächst Punktwolken für das First- und Last-Echo berechnet, bevor aus diesen Daten das DOM, DGM, FDGM und das nDOM mit einer Auflösung von jeweils 40cm prozessiert wurden.

Die HRSC-Kamera wurde unabhängig vom Laserscanner im Juni und Juli 2007 eingesetzt. Bei der HRSC handelt es sich um eine hoch aufgelöste Stereokamera mit insgesamt neun Messzeilen. Fünf Messzeilen nehmen Helligkeits-Bilder ohne Farbinformation, so genannte panchromatische Bilder, nach senkrecht unten (nadir), sowie jeweils um 12° und 20,5° nach vorne beziehungsweise hinten geneigt auf. Basierend auf den panchromatischen Bildinformationen werden vom DLR durch automatisierte Stereobild-Auswertung Oberflächenmodelle berechnet. Zusätzlich sind vier Zeilen vorhanden, die die roten, grünen, blauen und nahinfraroten Bildanteile aufnehmen. Tabelle 3.2 gibt die Neigung dieser Kanäle gegenüber dem senkrechten panchromatischen Kanal an.

Tabelle 3.2: Ausrichtung der Sensorzeilen bei der HRSC-AX

Farbkanal	Neigung
Rot (620-680nm)	2,3°
Grün (520-590nm)	-2,3°
Blau (440-510nm)	-4,6°
NIR (780-850nm)	4,6°

Die Neigung der einzelnen Farbkanäle gegeneinander macht es erforderlich, die Bilddaten auf ein gemeinsames Oberflächenmodell zu projizieren, um eine korrekte Farbinformation für einen Messpunkt zu bekommen. Ist das Oberflächenmodell nicht korrekt, werden Informationen einzelner Farbkanäle an die falsche Stelle projiziert und sind nicht länger deckungsgleich mit den Informationen anderer Farbkanäle. Hierdurch kommt es zur Bildung von Farbsäumen. Das benötigte DOM wurde vom DLR zunächst aus den Stereo-Bildinformationen der panchromatischen Kanäle gewonnen, um sicher zu stellen, dass es zur gleichen Zeit wie die Bilddaten aufgenommen wurde und damit keinerlei Verschiebungen zum Beispiel durch Windeinflüsse auftreten. Da das eingesetzte Stereo-Verfahren jedoch im Wald nicht zuverlässig funktioniert hat und Einschnitte zwischen den Kronen nicht abbilden konnte, erwies es sich als günstiger, die Bilddaten mit dem zeitlich versetzt aufgenommenen DOM des Laserscanners zu verrechnen. Die Ergebnisse waren besser, jedoch traten weiterhin Farbsäume auf (Abbildung 3.5). Ursächlich werden hier unter anderem Veränderungen an der Kronenform durch Wachstum des Baumes, Windeinflüsse und mangelnde Lagegenauigkeit der Laser- und Bildbefliegungsdaten zueinander sein.

Tabelle 3.3: Auflösungen bei der Befliegung Schmallenberg

Sensor	Layer	Auflösung (räumlich)	Wertebereich	Prozessierung
HRSC AX	Luftbild RGB	0,2m	Werte im RGB-Farbraum mit 12 Bit Farbtiefe	Radiometrische Anpassung, True-Ortho-Berechnung
	Luftbild CIR	0,2m	Werte im RGB-Farbraum mit 12 Bit Farbtiefe	Radiometrische Anpassung, True-Ortho-Berechnung
	Oberflächenmodell (DOM)	0,4m	Höhenangaben mit einer Auflösung von 1cm	Stereobild-Auswertung, Filterung
LMS-Q560	Oberflächenmodell (DOM)	0,4m	Höhenangaben mit einer Auflösung von 2cm	Filterung
	Geländemodell (DGM)	0,4m	Höhenangaben mit einer Auflösung von 2cm	Filterung, manuelle Nachbearbeitung
	Geländemodell (FDGM)	0,4m	Höhenangaben mit einer Auflösung von 2cm	Filterung, manuelle Nachbearbeitung, Interpolation
	Normalisiertes Oberflächenmodell (nDOM)	0,4m	Höhenangaben mit einer Auflösung von 2cm	Ableitung aus DOM und FDGM

Tabelle 3.3 zeigt die Befliegungsparameter des zweiten Testgebietes in der Übersicht. Im Rahmen des Projektes Virtueller Wald wurde im Testgebiet 2 eine Bestandeseinheit mit einer Fläche von ca. 3,7 ha terrestrisch aufgenommen, die im Rahmen dieser Arbeit zur Verifikation genutzt werden kann. Dabei wurden von jedem Baum die genaue Position sowie der Brusthöhendurchmesser aufgenommen. Darüber hinaus wurden stichprobenartig Baumhöhen erhoben.

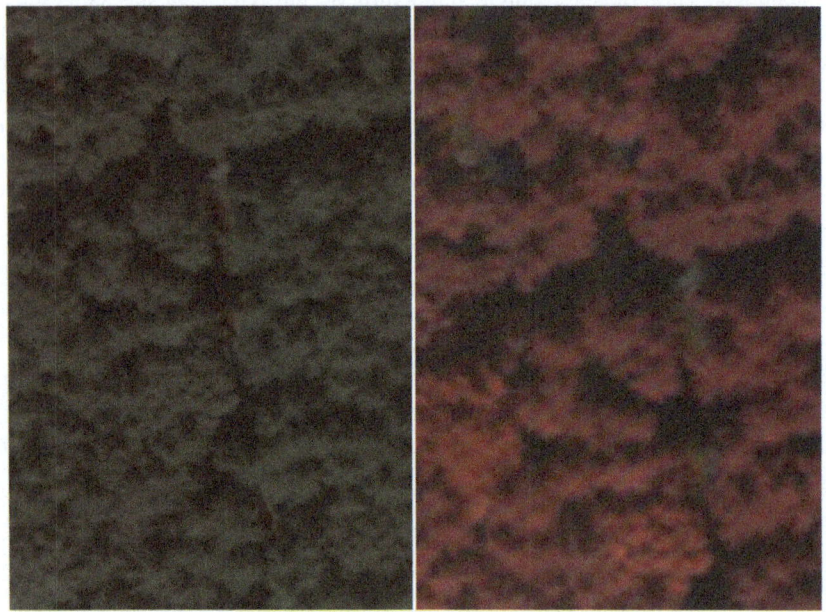

Abbildung 3.5: Abbildungsfehler in den HRSC-Bildern, zu erkennen sind die Farbsäume zwischen den Bäumen

3.3 Testgebiet 3: Arnsberg

Als drittes Testgebiet wurde 2008 das Gebiet Arnsberg mit einer Größe von 340km² beflogen (Abbildung 3.6). Aufgrund der (nach der abschließenden Befliegung im Oktober) guten Datenqualität der Laserdaten im Gebiet Schmallenberg wurde für das Testgebiet 3 wiederum der Riegl LMS-Q560 als Laserscanner ausgesucht. Die parallel stattfindende Bildbefliegung wurde an die Parameter der GEObasis NRW (vormals Landesvermessungsamt) angenähert. Entsprechend wurde anstelle des Zeilensensors eine Matrixkamera vom Typ Microsoft Ultracam X eingesetzt, einen Unterschied gab es lediglich im Befliegungszeitraum. Während GEObasis zu diesem Zeitpunkt noch vornehmlich im Winter flog, wurden die Aufnahmen annähernd zeitgleich mit der Laserbefliegung im Mai/Juni ausgeführt.

Die Ultracam besitzt – wie auch der zweite vergleichbare Sensor DMC – mehrere unabhängige Aufnahmesensoren, die durch separate Optiken Aufnahmen machen, aus denen eine Aufnahme generiert wird. Im Falle der Ultracam ist dabei die Auflösung des panchromatischen Kanals doppelt so hoch wie die Auflösung der Farbkanäle. Das finale Farbbild wird durch einen so genannten „Pansharpening-Prozess" auf die Auflösung des panchromatischen Kanals hochgerechnet. Bei diesem Verfahren wird das Bild zunächst auf die Zielauflösung vergrößert, wobei fehlende Pixel interpoliert werden. Anschließend wird das Bild aus dem RGB- beziehungsweise CIR-Farbraum in den HSL-Farbraum transformiert, in dem Farbinformationen durch die Eigenschaften Farbton, Sättigung und Helligkeit beschrieben sind. In diesem Farbraum wird der Helligkeitskanal durch den hoch aufgelösten panchromatischen Kanal ersetzt, sodass eine hochaufgelöste Helligkeitsstruktur im finalen Bild vorhanden ist. Innerhalb dieses Prozesses kann es jedoch zu Artefakten kommen, was bei der weiteren Datenverarbeitung berücksichtigt werden muss.

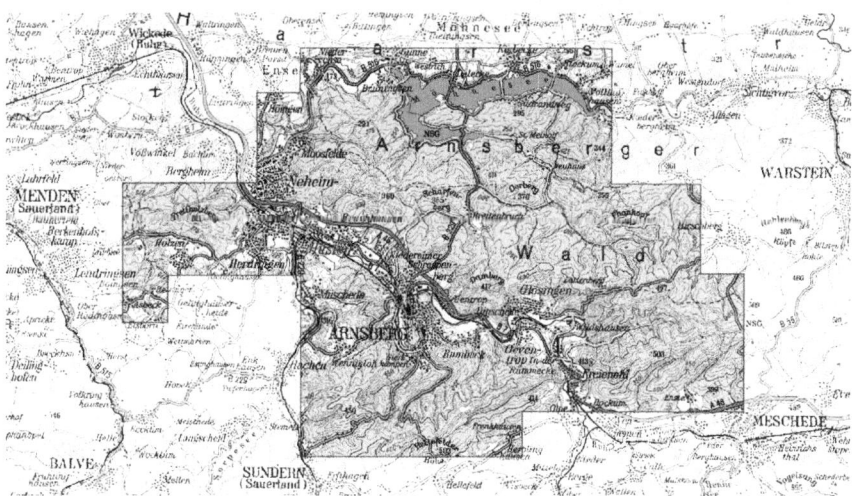

Abbildung 3.6: Das Testgebiet Arnsberg

In einem zentralen, diagonal verlaufenden Streifen des Gebietes Arnsberg stand zusätzlich eine Befliegung mit den Sensoren MFC und AISA Hawk des DLR zur Verfügung (Abbildung 3.7). Die MFC ist das Nachfolgesystem der bereits beschriebenen HRSC, bei der sämtliche Farbkanäle im gleichen Winkel zur Verfügung stehen. Die verwendete MFC 3 liefert RGB-Daten in den Winkeln -15°, 0° und 15° und sollte bei dieser Befliegung lediglich als Referenz und Messinstrument für ein dreidimensionales Oberflächenmodell dienen. Der parallel eingesetzte AISA Hawk ist ein Hyperspektralscanner, der zwar nur über eine geringe Bodenauflösung verfügt, dafür aber jeden einzelnen Punkt mit 254 Farbkanälen abbildet.

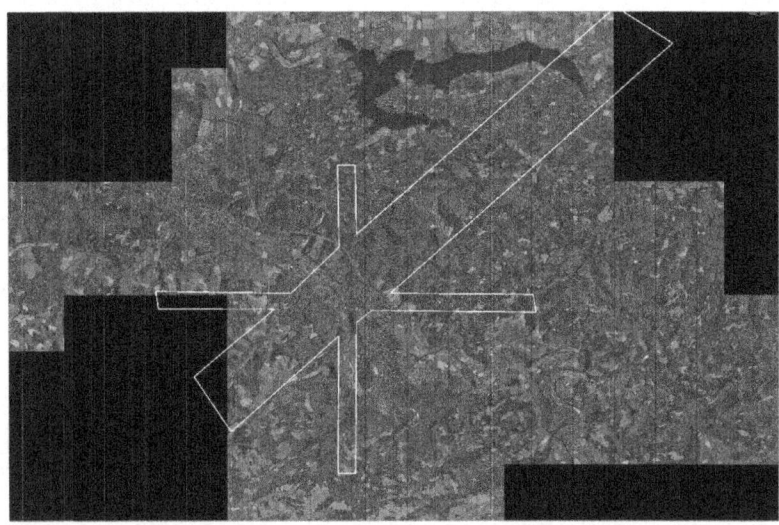

Abbildung 3.7: Lage des Gebietes zur MFC- und Hyperspektralbefliegung

Tabelle 3.4: Auflösungen bei der Befliegung Arnsberg

Sensor	Layer	Auflösung (räumlich)	Wertebereich	Prozessierung
Ultra-cam	Luftbild RGB	0,2m	Werte im RGB-Farbraum mit 14 Bit Farbtiefe	Radiometrische Anpassung
	Luftbild CIR	0,2m	Werte im RGB-Farbraum mit 14 Bit Farbtiefe	Radiometrische Anpassung
	Luftbild RGB pansh.	0,1m	Werte im RGB-Farbraum mit 14 Bit Farbtiefe	Radiometrische Anpassung, True-Ortho-Berechnung

Testgebiet 3: Arnsberg

Sensor	Layer	Auflösung (räumlich)	Wertebereich	Prozessierung
	Luftbild CIR pansh.	0,1m	Werte im RGB-Farbraum mit 14 Bit Farbtiefe	Radiometrische Anpassung, True-Ortho-Berechnung
	Panchromatisch	0,1m	Grauwerte mit 14 Bit Farbtiefe	Radiometrische Anpassung, True-Ortho-Berechnung
	Oberflächenmodell DOM	0,4m	Höhenangaben mit einer Auflösung von 2cm	Filterung
	Gelände-modell FDGM	0,4m	Höhenangaben mit einer Auflösung von 2cm	Filterung, manuelle Nachbearbeitung, Interpolation
	norm. Oberflächenmodell nDOM	0,4m	Höhenangaben mit einer Auflösung von 2cm	Ableitung aus DOM und FDGM
MFC	RGB	1,5m	Werte im RGB-Farbraum mit einer Farbtiefe von [12 Bit]	Radiometrische Anpassung, True-Ortho-Berechnung
	Oberflächenmodell DOM	1,5m	Höhenangaben mit einer Auflösung von 1cm	Stereobild-Auswertung, Filterung
AISA Hawk	Hyper-spektraldaten	1,5m	254 Farbkanäle mit einer Farbtiefe von [8 Bit]	Radiometrische Anpassung, True-Ortho-Berechnung

Im Testgebiet 3 wurden im Rahmen des Projektes Virtueller Wald neun Bestände mit einer Fläche von insgesamt ca. 12ha auf Einzelbaumebene terrestrisch aufgenommen. Diese Daten standen für diese Arbeit zur Verifikation der Ergebnisse zur Verfügung.

Bei der ersten Auswertung der gelieferten Befliegungsdaten fielen deutlich abweichende Punktdichten in der Laserbefliegung auf. Die Baumkronen waren zum Teil erheblich verrauscht, sodass auch mit dem menschlichen Auge keinerlei Struktur mehr ersichtlich war. Darüber hinaus kam es zur Bildung von größeren Abtastlücken. Die Probleme der Laserdaten konnten jedoch nachträglich durch Aufweitung des in die Berechnung eingehenden Öffnungswinkels des Lasers ausgeglichen werden (Abbildungen 3.8 und 3.9).

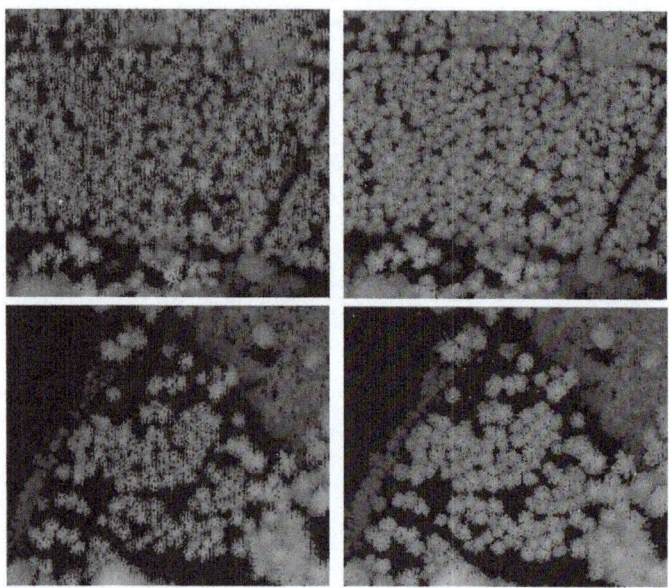

Abbildung 3.8: Kronenausformungen vor (links) und nach Aufweitung (rechts) des prozessierten Laser-Öffnungswinkels

Abbildung 3.9: Punktdichten vor (links) und nach Aufweitung (rechts) des prozessierten Laser-Öffnungswinkels

Bei den Daten der Ultracam zeigte sich insbesondere an den Rändern des Testgebietes eine deutliche Parallaxe, sodass die Position der abgebildeten Kronen nicht notwendigerweise mit den Positionen im Laser-Höhenmodell übereinstimmt. Die Ursache für die starke Parallaxe ist zum einen im großen Öffnungswinkel der Ultracam von 55° zu suchen, zum anderen hat die Kamera systembedingt gegenüber einer Zeilenkamera einen Nachteil bei der Generierung von True-Ortho-Fotos. Während bei der Zeilenkamera nur mit einer hohen Querüberlappung geflogen werden muss, ist bei einem Matrixsensor auch eine hohe Längsüberlappung erforderlich. Die vom Datenlieferanten geflogene Überlappung von 60 Prozent in Flugrichtung und 30 Prozent quer zur Flugrichtung erwies sich als zu gering. Eine erste Prozessierung zeigte deutliche Parallaxenfehler (Abbildung 3.10), eine erste True-Ortho-Prozessierung erhebliche Artefakte (Abbildung 3.11). Erst mit einer finalen extern beauftragten Neuberechnung des True-Ortho-Bildes konnten die Daten in ausreichender Qualität geliefert werden.

Abbildung 3.10: Parallaxenfehler in den Daten der Ultracam, eingezeichnet sind einige Stämme vom Stammfußpunkt (erkennbar am Schatten) bis zur Baumspitze.

Abbildung 3.11: Artefakte bei der True Ortho-Prozessierung

3.4 Testgebiet 4: Hoppengarten

Das Testgebiet „Hoppengarten" am Unterlauf der Sieg wurde 2010 als viertes Testgebiet beflogen. Dieses Gebiet ist ca. 336km² groß und hat einen hohen Waldanteil (Abbildung 3.12). Nach den guten Erfahrungen in den Gebieten Arnsberg und Schmallenberg wurden die Befliegungsparameter der Laser-Befliegung für dieses Testgebiet unverändert übernommen. Als Sensor kam auch hier wieder ein Riegl LMS-Q560i zum Einsatz.

Die Bildbefliegung erfolgte wie schon in Arnsberg mit einer Microsoft Ultracam X, dieses Mal wurden aber die Größe der Bildpunkte am Boden und die Überlappung variiert. In Arnsberg lag noch keinerlei Erfahrung mit möglichen Artefakten beim Pansharpening vor. Daher war angestrebt worden, auch in den spektralen Sensoren die geforderte Auflösung von 20cm aufzunehmen. Da der panchromatische Kanal bei der Ultracam X doppelt so hoch aufgelöst ist wie die spektralen Kanäle, war dort mit 10cm Bodenauflösung beflogen worden. In Hoppengarten hätte eine Befliegung mit 10cm Auflösung zu größeren Verzögerungen führen können, da die hierzu erforderliche Flughöhe die Einflugschneise des Köln-Bonner Flughafens gestört hätte und daher mit Restriktionen seitens der Flugsicherung zu rechnen war. Bei der Prozessierung der Daten in

Arnsberg sind zudem keinerlei Probleme aufgefallen, sodass die Bilder in Hoppengarten flächendeckend nur mit einer Auflösung von 20cm aufgenommen wurden.

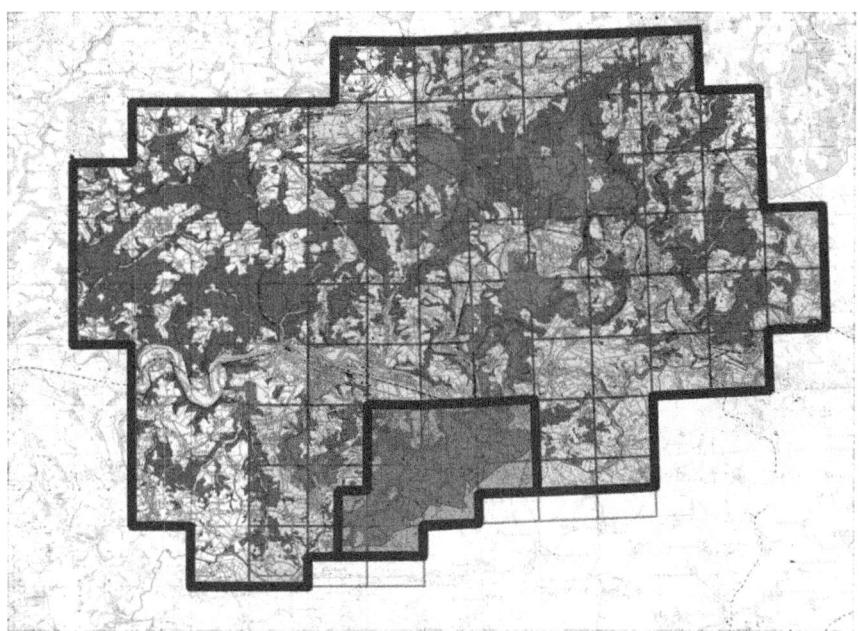

Abbildung 3.12: Das Testgebiet Hoppengarten

Die erforderliche Flugfläche hierfür lag oberhalb der Einflugschneise. In einem Ausschnitt von ca. 40km² im Süden des Testgebietes wurde zusätzlich eine Befliegung mit 8cm Auflösung durchgeführt, bei der die erforderliche Flugfläche unterhalb der Einflugschneise lag. Beide Befliegungen wurden mit einer Längsüberlappung von 80% und einer Querüberlappung von 60% beflogen. Damit wurde jeder Punkt auf dem Boden in Flugrichtung aus fünf verschiedenen Winkeln und quer zur Flugrichtung aus drei verschiedenen Winkeln erfasst. In Arnsberg war die Befliegung lediglich mit einer Überlappung von 60/30 erfolgt. Bei der Berechnung der True-Ortho-Fotos zeigte sich, dass die Bilder nach Projektion auf den Boden sehr viel weniger Artefakte aufwiesen.

Bei den ausgelieferten Laserdaten fiel eine sehr unruhige Struktur des Oberflächenmodells auf. Das Modell hatte sehr viel mehr Ausreißer nach unten, als das Modell in Arnsberg (in Bild 3.13 links erkennbar als schwarze Lücken im Bild). Es zeigte sich, dass der Datenlieferant zwischenzeitlich seine Verarbeitungskette geändert hatte und mit dem neuen Ansatz bessere Ergebnisse im Stadtbereich erzielte. Für die Abbildung der Kronen ist jedoch die ursprüngliche Prozessierung sinnvoller, sodass die Daten mit diesem Ansatz erneut verarbeitet wurden (Bild 3.13 rechts). Der neue Datensatz zeigte wieder die gewohnt gute Qualität, die auch bereits in Arnsberg und Schmallenberg erzielt wurde.

Tabelle 3.5: Auflösungen bei der Befliegung Hoppengarten

Sensor	Layer	Auflösung (räumlich)	Wertebereich	Prozessierung
Ultra-cam	Luftbild RGB	0,4m 0,16m	Werte im RGB-Farbraum mit 14 Bit Farbtiefe	Radiometrische Anpassung
	Luftbild CIR	0,4m 0,16m	Werte im RGB-Farbraum mit 14 Bit Farbtiefe	Radiometrische Anpassung
	Luftbild RGB pansh.	0,2m 0,08m	Werte im RGB-Farbraum mit 14 Bit Farbtiefe	Radiometrische Anpassung, True-Ortho-Berechnung
	Luftbild CIR pansh.	0,2m 0,08m	Werte im RGB-Farbraum mit 14 Bit Farbtiefe	Radiometrische Anpassung, True-Ortho-Berechnung
	Panchromatisch	0,2m 0,08m	Grauwerte mit 14 Bit Farbtiefe	Radiometrische Anpassung
	Oberflächenmodell DOM	0,2m	Höhenangaben mit einer Auflösung von 2cm	Filterung
Riegl LMS-Q560	Geländemodell DGM	0,4m	Höhenangaben mit einer Auflösung von 2cm	Filterung, manuelle Nachbearbeitung
	Geländemodell FDGM	0,4m	Höhenangaben mit einer Auflösung von 2cm	Filterung, manuelle Nachbearbeitung, Interpolation
	Differenzmodell DM	0,4m	Höhenangaben mit einer Auflösung von 2cm	Ableitung aus DOM und FDGM

Testgebiet 5: Steinfurt 45

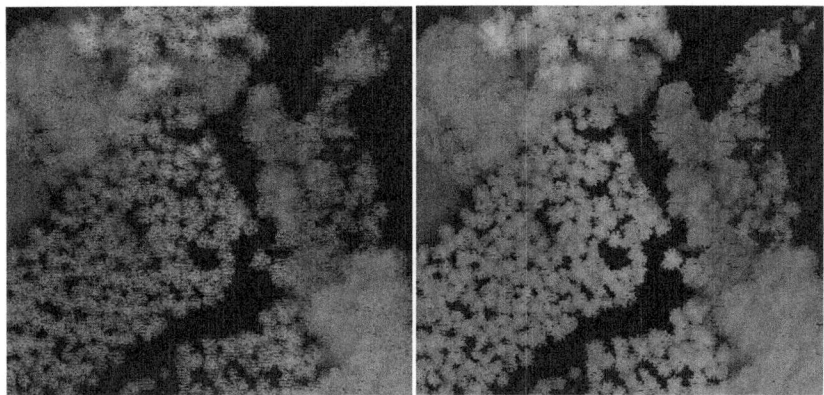

Abbildung 3.13: Normalisiertes Oberflächenmodell eines Ausschnitts des Testgebietes Hoppengarten in der ursprünglich gelieferten Prozessierung (links) und nach der Neuberechnung (rechts).

3.5 Testgebiet 5: Steinfurt

Im Testgebiet Steinfurt wurde im Frühjahr 2011 ein ca. 263km² großes Teilstück mit einem Laserscanner beflogen. Die beflogene Fläche deckt in erster Linie den Hauptkamm des Teutoburger Waldes ab, zusätzlich ist insbesondere der Bereich um den Habichtswald sowie ein Landstück südwestlich von Rheine aufgenommen worden. Abbildung 3.14 zeigt eine Karte des aufgenommenen Gebietes.

Bei dieser Befliegung kam abweichend vom bisherigen Standard erstmalig ein Riegl LMS-Q680i zum Einsatz. Hierbei handelt es sich um eine Weiterentwicklung des bisher eingesetzten Gerätes. Der neue Sensor unterscheidet sich in erster Linie in der Messfrequenz und in der maximalen Flughöhe vom Vorgängermodell.

Da das Befliegungsgebiet zum einen keine kompakte Form aufweist und zum anderen unmittelbar südwestlich der Flughafen Münster-Osnabrück anschließt, wurden verschiedene Teilbereiche in unterschiedlichen Richtungen beflogen. In der Nähe des Habichtswaldes wurde dabei ein Waldstück doppelt beflogen, um hier eine Verdopplung der Punktdichte bei ansonsten unveränderten Parametern der Befliegung zu erreichen.

In diesem Testgebiet wurde keine eigene Luftbildaufnahme durchgeführt. Vielmehr erfolgte hier eine Kooperation mit GEObasis.NRW, die jährlich ein Drittel der Landesfläche von Nordrhein-Westfalen zur Erzeugung von Luftbildern befliegen. Im Rahmen der Kooperation wurde die Längsüberlappung bei der Befliegung von 60 Prozent auf 80 Prozent erhöht. Damit stehen doppelt so viele Ansichten wie bei einer Standard-Befliegung zur Verfügung. Die Querüberlappung war bei dieser Datenaufnahme mit 40 Prozent spezifiziert, als Sensor kam eine DMC-1 Kamera des Herstellers Intergraph zum Einsatz.

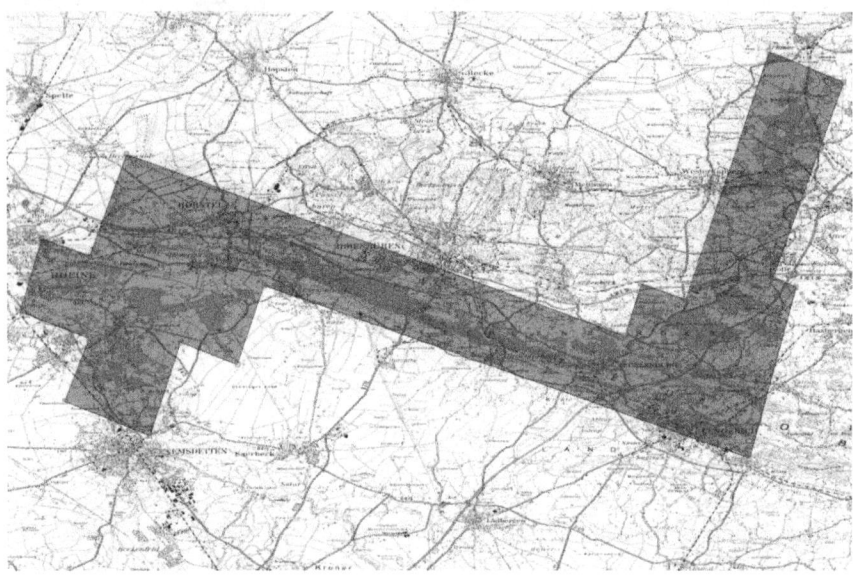

Abbildung 3.14: Karte des beflogenen Gebietes im Kreis Steinfurt

Bei den ausgelieferten Laserdaten fiel wiederum eine sehr unruhige Struktur des Oberflächenmodells auf. Nach einer Neuberechnung analog zum Vorgehen in Hoppengarten, war dieses Problem jedoch auch beseitigt.

Tabelle 3.6: Auflösungen bei der Befliegung Steinfurt

Sensor	Layer	Auflösung (räumlich)	Wertebereich	Prozessierung
DMC	Luftbild RGB	0,8m	Werte im RGB-Farbraum mit 12 Bit Farbtiefe	Radiometrische Anpassung
	Luftbild CIR	0,8m	Werte im RGB-Farbraum mit 12 Bit Farbtiefe	Radiometrische Anpassung

Testgebiet 5: Steinfurt

Sensor	Layer	Auflösung (räumlich)	Wertebereich	Prozessierung
	Luftbild RGB pansh.	0,2m	Werte im RGB-Farbraum mit 12 Bit Farbtiefe	Radiometrische Anpassung, True-Ortho-Berechnung
	Luftbild CIR pansh.	0,2m	Werte im RGB-Farbraum mit 12 Bit Farbtiefe	Radiometrische Anpassung, True-Ortho-Berechnung
	Panchromatisch	0,2m	Grauwerte mit 12 Bit Farbtiefe	Radiometrische Anpassung
	Oberflächenmodell DOM	0,2m	Höhenangaben mit einer Auflösung von 2cm	Filterung
Riegl LMS-Q680i	Geländemodell DGM	0,4m	Höhenangaben mit einer Auflösung von 2cm	Filterung, manuelle Nachbearbeitung
	Geländemodell FDGM	0,4m	Höhenangaben mit einer Auflösung von 2cm	Filterung, manuelle Nachbearbeitung, Interpolation
	Differenzmodell DM	0,4m	Höhenangaben mit einer Auflösung von 2cm	Ableitung aus DOM und FDGM

4 Vorgehen bei der Erzeugung von Waldlandschaften

4.1 Bodenmodell

Das Gelände wird durch ein digitales Geländemodell (DGM) beschrieben. Bei einer Datenaufnahme mit einem flugzeuggetragenen Laserscanner werden mit jedem ausgesandten Laserpuls mehrere Reflexionen oder – bei einem fullwaveform Scanner – ein Intensitätsprofil des reflektierten Lichtes aufgezeichnet. Die jeweils letzten Reflexionen beziehungsweise die letzten Maxima in den Intensitätsprofilen werden dabei als „Last-Echoes" bezeichnet. Sie bilden eine unregelmäßige Punktwolke, in der jeder Punkt durch seine räumlichen Koordinaten definiert ist. Diese Punktwolke beschreibt jedoch noch nicht die Kontur des Geländes. Vielmehr werden auch Objekte, die nicht vom Laser durchdrungen werden konnten, mit abgebildet. Solche Objekte können zum Beispiel Gebäude, Brücken, aber auch dichte Büsche sein. Lichtere Objekte wie Baumkronen können aber in der Regel durchdrungen werden, sodass auch in Wäldern plausible Boden-Modelle entstehen (siehe auch Kapitel 2.2, Stand der Technik bei der Extraktion und Berechnung von Geländedaten).

In einem nicht offengelegten Prozess beim Datenlieferanten werden diese Punktwolken gefiltert, um die beschriebenen, für den Laser undurchdringlichen Objekte zu entfernen. Nach Aussage des Datenanbieters funktioniert dies weitgehend automatisch und lediglich kleinere Strukturen wie Baumstümpfe oder kleinere Büsche müssen noch manuell entfernt werden. In [Pfeifer et. al., 1999] werden Beispiele gegeben, wie ein automatisierter Filter in bewaldeten Gebieten arbeitet. Neben der üblichen Selektion der Punkte wird hier auf die Erhaltung von Geländekanten besonders geachtet [Briese, 2004]. Abbildung 2.1 im Kapitel zum Stand der Technik zeigt ein Beispiel einer automatisch gefilterten Fläche. Es zeigt sich, dass bereits diese Datenqualität häufig ausreichend ist, um ein Bodenmodell im Rahmen einer VR-Simulation zu visualisieren.

Im nächsten Schritt der Berechnung werden die einzelnen Punkte zunächst in ein regelmäßiges Raster einsortiert. Im Falle der zur Verfügung stehenden Befliegungen Schmallenberg, Arnsberg, Hoppengarten und Steinfurt wurde hierfür ein Raster mit einer Rasterweite von 40cm eingesetzt. Da es bei einem Geländemodell darauf ankommt, die möglichst tiefen Punkte, sprich das Gelände selbst, zu erfassen, wird nun für jede Zelle die Höhe des niedrigsten hierin vorkommenden Punktes gesetzt. Nach diesem Prozess werden die Zellen, in die kein Messpunkt fällt, aus den jeweiligen Nachbarzellen interpoliert. Diese unterschiedlich großen und größtenteils unregelmäßig geformten Flächen werden mit einem Interpolationsalgorithmus wie zum Beispiel dem in Anhang A beschriebenen aufgefüllt. Da insbesondere stehende Wasserflächen aufgrund der Reflexion nur sehr unzureichend vom Laserscanner erfasst werden und einige Bereiche im Zuge der Filterung aus der Punktwolke entfernt wurden, können hier auch größere Flächen betroffen sein.

Das Ergebnis dieser Berechnung ist ein relativ hoch aufgelöstes Geländemodell der abzubildenden Landschaft. Für die Nutzung in einer großräumigen Simulation ist dieses Modell jedoch bei heutigen Rechnerkapazitäten zu detailliert. Das auftretende Informationsvolumen von ca. 1,5 Millionen Punkten je Quadratkilometer führt bei der 3D-Visualisierung zu einer sehr hohen Zahl von Facetten und damit zu einer hohen Auslastung der Grafikkarte. Daher ist es sinnvoll, die Auflösung des Bodenmodells zu verringern. Im einfachsten Fall wird hier lediglich eine regelmäßige Auswahl aus den im Geländemodell vorgegebenen Stützpunkten genutzt. Im Zuge der später in dieser Arbeit vorgestellten Visualisierungen wurde die Auflösung beispielsweise auf 20m reduziert, was weiterhin einen guten Eindruck der Landschaft ermöglicht, jedoch kleinere Details, wie zum Beispiel Gräben, nicht mehr darstellt. Sind entsprechende Details entscheidend, kann das hier angegebene Verfahren um eine verbesserte Datenreduktion, wie sie zum Beispiel in [Briese, Kraus, 2003] beschrieben wird, erweitert werden.

Das Ergebnis dieses Prozesses ist ein untexturiertes Bodenpolygon, das das Gelände der abzubildenden Landschaft beschreibt. Als Texturierung eines solchen Modells wird häufig das Luftbild des entsprechenden Bereiches gewählt. Im Falle einer Waldlandschaft würde dies jedoch die modellierten Bäume bildlich auf dem Waldboden wiedergeben, was als ungeeignet erscheint. Die Bodentextur wird daher in einem späteren Schritt unter Berücksichtigung der generierten Einzelbäume erzeugt.

4.2 Umringe

Zur Erkennung von Einzelbäumen müssen zunächst die zu betrachtenden Geometrien definiert werden. In Nordrhein-Westfalen sind Wälder in den meisten Fällen in eine hierarchische Struktur aus Forstämtern, Abteilungen, Unterabteilungen und Beständen eingeteilt. Innerhalb der kleinsten Einheit, dem Bestand, stehen dabei in der Regel gleichartige Waldstrukturen. Dies kann zum Beispiel ein Reinbestand einer Altersklasse sein, aber auch ein gleichmäßig verteilter Mischwald. Diese Bestandesabgrenzung stellt einen guten Ausgangspunkt für eine Einzelbaumerkennung dar, da innerhalb einer gleichartigen Struktur auch die Parametrierung des Segmentierungsalgorithmus als gleichbleibend anzunehmen ist. In der Forsthierarchie in NRW sind viele Bestände zusätzlich mit weiteren Informationen annotiert. In den sogenannten Baumartenzeilen finden sich Informationen über die im Bestand vorkommenden Baumarten, deren Alter, Höhen, Brusthöhendurchmesser, Vorräte und Bestockungsgrade (siehe auch [Nagel, 2001]).

Steht eine solche Untergliederung der zu betrachtenden Waldbereiche in gleichartige Bestände nicht zur Verfügung, kann sie allerdings aus allgemein verfügbaren Umringen mit Hilfe von zusätzlichen Fernerkundungsdaten erzeugt werden. Beispiele für mögliche Umringe finden sich in Kapitel 2.3 – Stand der Technik bei abgrenzenden Geometrien. So steht beispielsweise der kostenfrei erhältliche Datensatz der Waldgrenzen aus dem Open-Streetmap-Projekt (OSM) zur Verfügung. Abbildung 4.1 zeigt einen Ausschnitt aus diesem Vektordatensatz zusammen mit dem entsprechenden Luftbild im Testgebiet Hoppengarten.

Abbildung 4.1: Der Open-Street-Map Datensatz Waldgrenzen als Vektordatensatz über dem entsprechenden True-Ortho-Foto im Testgebiet Hoppengarten

Man erkennt, dass hier bereits sehr viele Waldgebiete mit einem digitalen Umring erfasst sind.

In anderen Gebieten wie dem in Kapitel 2.3 gezeigten Ausschnitt im Testgebiet Schmallenberg ist die Erfassung noch nicht so detailliert. Durch das zunehmende öffentliche Interesse an OSM ist hier zu erwarten, dass die zur Verfügung stehenden Informationen immer genauer und vollständiger werden, sodass hier bereits in naher Zukunft eine sehr gute Waldbeschreibung zur Verfügung stehen wird. Die einzelnen in OSM ausgewiesenen Flächen sind allerdings im Gegensatz zu den Beständen aus der Forsthierarchie in sich noch nicht homogen strukturiert, wie auch im unterlegten Luftbild zu erkennen ist. In diesem Fall ist daher eine zusätzliche Untergliederung erforderlich, um sicherzustellen, dass jede einzelne Region hinreichend homogen ist, um mit einem einheitlichen Parametersatz segmentiert zu werden. In [RIF e.V. et. al., 2010] wird ein Ansatz beschrieben, um derartige gleichförmige Bereiche zu erzeugen. Dabei werden minimale Regionen, die ungefähr einem Baum entsprechen, miteinander verglichen und gegebenenfalls miteinander verschmolzen. Das Ergebnis sind homogene Waldsegmente, deren Kontur abschließend noch geglättet wird (Abbildung 4.2). Diese Waldsegmente entsprechen somit Beständen, jedoch sind sie noch nicht mit Baumartenzeilen, Informationen über die darin vorkommenden Arten, annotiert. Unter Berücksichtigung der Hilfstafeln der Forsteinrichtung [Spelsberg, 2009] können viele der Informationen aus den Baumartenzeilen allerdings auch aus Fernerkundungs- oder Kartendaten ermittelt werden.

Im Folgenden sollen einige Attribute näher erläutert werden, da diese in den später beschriebenen Algorithmen zur Einzelbaumerkennung genutzt werden. [RIF e.V., 2007] listet folgende Ansätze zur Berechnung der Attribute auf:
- Oberhöhe: Während die Oberhöhe in der Forsteinrichtung als durchschnittliche Höhe H100 der 100 (durchmesser-)stärksten Bäume eines Bestandes bezeichnet wird [Nagel, 2001], haben Untersuchungen des Landesbetriebs Wald und Holz NRW ergeben, dass sich selbst mit nur gering aufgelösten Fernerkundungsdaten eine sinnvolle und vergleichbare Höhe berechnen lässt. Dazu wird ein gleichförmiges Gitternetz von 30m x 30m über den Bestand gelegt. Anschließend wird mithilfe einer Baumartenklassifikation [Krahwinkler et. al. 2011] und des nDOMs einer Laserbefliegung der jeweils höchste Punkt für eine Baumart in jeder Rasterzelle bestimmt. Diese Höhenwerte werden – gewichtet nach dem Anteil der Baumart an der jeweiligen Zelle – gemittelt. Das Ergebnis entspricht der Oberhöhe des Bestandes. Feldtests haben ergeben, dass die algorithmische Bestimmung der Oberhöhe meistens sehr ähnliche Ergebnisse wie die konventionelle Aufnahme der H_{100} liefert. Lediglich in ausgeprägten Hanglagen ist eine deut-

liche Abweichung zu verzeichnen, da hier die verschiedene Wasserversorgung unterschiedliches Pflanzenwachstum zulässt und die stärksten Bäume in solchen Beständen lokal konzentriert auftreten. Die algorithmische Oberhöhe beschreibt solche Bestände dabei besser als die klassische H_{100}, da sie auch die Abweichungen innerhalb des Bestandes berücksichtigt.

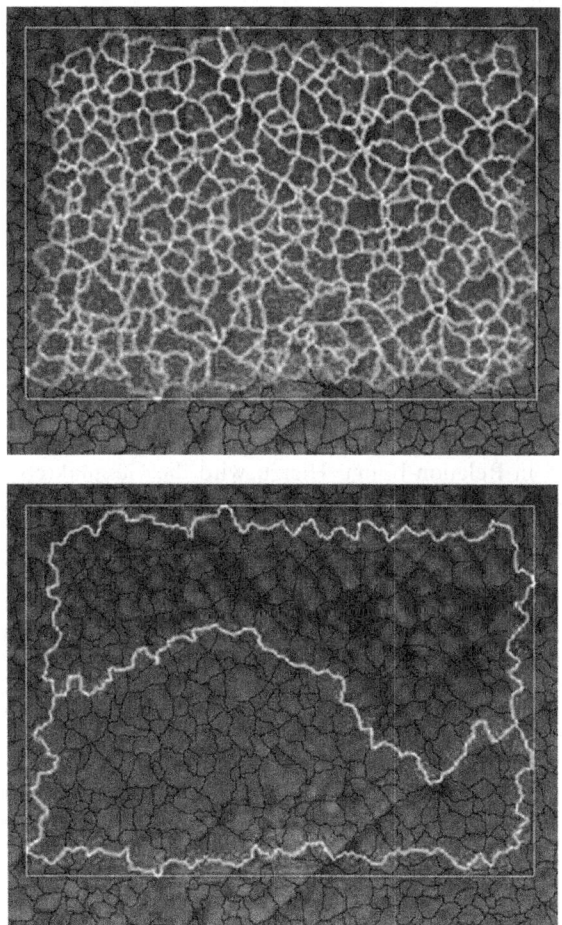

Abbildung 4.2: Beispiel einer Generalisierung (Bild: [RIF e.V. et. al., 2010])

- Ertragsklasse: Die Ertragsklasse beschreibt in der Forsteinrichtung, wie gut ein Bestand für eine Baumart geeignet ist. Hat ein Bestand beispielsweise für die Baumart Fichte eine Ertragsklasse von IA,0 ist dort mit optimalen Wuchsbedingungen und damit dem größten Zuwachs zu rechnen, während in einem Bestand der Ertragsklasse V,0 sehr schlechte Bedingungen für die gleiche Baumart herrschen. Die Ertragsklasse ist damit immer sowohl von den Eigenschaften der Bestandeseinheit als auch von der jeweiligen Baumart abhängig. Sie lässt sich nicht unmittelbar aus Fernerkundungsdaten ablesen, kann aber aus Kartenmaterial wie zum Beispiel einer digitalen Standortklassifizierung [Asche, Schulz, 2006] ermittelt werden. Hierzu werden die Trophie- und die Wasserhaushaltsstufe mit den Bedürfnissen einer Baumart verglichen und daraus die Ertragsklasse bestimmt. Die Zusammenhänge wurden hier im Rahmen des Projektes Virtueller Wald vom Leiter der Schwerpunktaufgabe Waldplanung des Lehr- und Versuchsforstamt Arnsberg, Herrn Meißner, parametriert.

- Alter: Mithilfe der Hilfstafeln der Forsteinrichtung [Spelsberg, 2009] können Alter, Ertragsklasse und Oberhöhe in Relation gesetzt werden. Wenn zwei dieser Werte bekannt sind, kann der dritte abgeleitet werden. In diesem Fall kann also das Alter aus der Oberhöhe und der Ertragsklasse hergeleitet wird.

- Bestockungsgrad: In der Forsteinrichtung bildet der Bestockungsgrad einen Kalibrationsfaktor, der den realen Bestand mit dem Norm-Vorrat in den Ertragstafeln in Relation bringt. Hierzu wird die Gesamtkreisfläche des Bestandes (die Summe aller Baumquerschnittsflächen auf 1,30m Höhe) mit den in den Hilfstafeln enthaltenen erwarteten Werten für einen gleich alten Bestand mit gleicher Ertragsklasse in Relation gebracht. Der Quotient aus tatsächlicher Kreisfläche und Tafelwert wird als Bestockungsgrad bezeichnet. Ein Bestockungsgrad von 1,0 beschreibt dabei einen „voll bestockten" Bestand. In Untersuchungen des Landesbetriebs Wald und Holz NRW wurde ein Zusammenhang zwischen Bestockungsgrad und Überschirmung - dem Anteil der Bestandesfläche, der von Baumkronen überdeckt ist - festgestellt. Unterbestockte Bestände weisen in der Regel Lücken zwischen den Bäumen auf, während überbestockte Bestände sehr dicht stehende Bäume besitzen. Der Bestockungsgrad kann entsprechend auch aus Fernerkundungsdaten hergeleitet werden. Hierzu wird nach einem von Spelsberg vorgeschlagenen Verfahren aus dem nDOM die Überschirmung ermittelt und daraus der Bestockungsgrad bestimmt.

Die so attribuierten Waldsegmente sind nun vergleichbar mit Bestandeseinheiten und untergliedern den Wald in homogene Regionen.

4.3 Einzelbaumsegmentierung und Transfer in eine Datenbank

Die Bestandeseinheiten und attribuierten Waldsegmente bilden die Grundlage der Segmentierung. Jede einzelne der zur Verfügung stehenden Bestandesgeometrien weist eine in sich homogene Struktur auf, daher wird jede dieser Grenzen getrennt segmentiert. Bei der Segmentierung können verschiedenartige Algorithmen zum Einsatz kommen. Die Bandbreite reicht hier von Ansätzen, die lediglich basierend auf den forstlichen Attributen der Fläche Bäume zufällig verteilen bis hin zu Algorithmen, die hohe Punktdichten und Full-Waveform-Informationen voraussetzen. Aufgrund der Vielzahl der möglichen Ansätze werden einige Möglichkeiten in Kapitel 5 im Detail vorgestellt.

Gemeinsam haben alle Algorithmen, dass sie eine Menge von Bäumen, beschrieben durch ihre Lage, Höhe und meistens auch ihre Kronenfläche beziehungsweise ihren luftsichtbaren Kronenradius zurückliefern. Aus diesen Attributen können nun weitere für eine präzise Visualisierung erforderliche Parameter wie der Kronenansatz und der Brusthöhendurchmesser abgeleitet werden. Beispiele für eine solche Attribuierung finden sich in Kapitel 5.6.

Es ergibt sich eine Menge an attribuierten Einzelbäumen, die mit ihren Koordinaten in einer Geo-Datenbank gespeichert werden können. Besonderheit einer Geo-Datenbank ist dabei, dass die einzelnen Datensätze auch durch geometrische Operationen an Hand ihrer Koordinaten selektiert werden können.

4.4 Visualisierung

Durch die Bodengeometrie und die generierten Einzelbäume ist bereits ein einfaches Waldmodell beschrieben worden. Wie dieses Modell letztendlich visualisiert wird, ist abhängig von den Anforderungen des VR-Systems. Kapitel 6 wird hier einige Beispiele auflisten und dabei auch darauf eingehen, wie der Wald zum Beispiel durch geeignete Bodentexturen und Licht- und Schatten-Effekte möglichst realitätsnah dargestellt werden kann.

5 Erhebung von Einzelbaumdaten

Nachdem in den vorhergehenden Kapiteln der Stand der Technik und die zur Verfügung stehende Datengrundlage beschrieben wurden, sollen an dieser Stelle verschiedene Verfahren zur Einzelbaumerkennung vorgestellt werden. Zunächst wird der Wasserscheidenalgorithmus als Stand der Technik eingeführt und erläutert, anschließend folgen neue Ansätze: ein Volumetrischer Algorithmus, der auch die dritte Dimension der vorhandenen Daten nutzt, ein Algorithmus, der Hintergrundwissen über die aufzunehmenden Bestände verwendet sowie ein Algorithmus, der auch bei Beständen, für die Geodaten nur in einer sehr geringen Auflösung zur Verfügung stehen, noch Ergebnisse erzielen kann, die ein der Natur ähnliches Landschaftsbild ergeben.

5.1 Wasserscheidenalgorithmus

Als ein Standard im Bereich der forstlichen Einzelbaumerkennung hat sich der im Rahmen des NATSCAN-Projektes implementierte Wasserscheiden-Algorithmus [Diedershagen, Koch, Weinacker, Schütt, 2003] herauskristallisiert. Grundidee dieses Algorithmus ist die Erkenntnis, dass das Laser-Differenzmodell de facto nicht dreidimensional, sondern nur zweieinhalbdimensional ist. Dies entspricht einer vereinfachten Darstellung von Gebirgen – unter Vernachlässigung von Überhängen, Höhlen und Ähnlichem. Wenn man in der Geografie oder Limnologie von Wasserscheiden spricht, so meint man Grenzen von Einzugsgebieten zweier oder mehrerer Gewässer. Eine häufige Art von Wasserscheide ist die sogenannte Kammwasserscheide, ein Gebirgszug, der mit der Kette seiner Gipfel eine Wasserscheide für zwei Seen oder Flüsse bildet.

Betrachtet man eine dreidimensionale Darstellung des Differenzmodells, so können Senken zwischen zwei Bäumen als eine Art Wasserscheide gesehen werden – als eine (in Wirklichkeit nicht ganz scharfe) Abgrenzung der Wassereinzugsgebiete von zwei Bäumen. Im Gegensatz zum lokalen Maximum eines Geländes, wie es bei Kammwasserscheiden maßgeblich ist, wird hier eine Kette von Senken, eine Verkettung lokaler Minima betrachtet. Betrachtet man das Gesamtsystem dieser Wasserscheiden, so ergibt sich eine Art Netz, das den Bestand in einzelne Abschnitte unterteilt, die jeweils potenziell ein Baum sein könnten.

Algorithmisch gesehen kann man hier von einem Gradientenabstieg ausgehend von sämtlichen lokalen Maxima eines Differenzmodells sprechen. Abhängig vom Datenanbieter kann das Differenzmodell allerdings sehr „ausgefranst" wirken. Abbildung 5.1 zeigt einen Ausschnitt aus dem Bereich Mark

Medelon im Testgebiet Glindfeld, zum einen aufgenommen während der ersten Befliegung mit einem Toposys Falcon II Scanner (Datenlieferant Toposys), zum anderen aufgenommen während der Befliegung 2007 mit einem Riegl LMS-Q560i Scanner (Datenlieferant Milan Geoservice). Es zeigt sich ein erheblicher Unterschied im Aussehen der Daten. Während die Daten von Toposys homogen wirken, fallen in den Milan-Daten immer wieder Ausreißer auf, die den optischen Eindruck zunächst trüben. Ursächlich dürfte hier – neben einem Problem mit einer zu hohen Bodenfeuchtigkeit während der Milan-Befliegung – auch der wesentlich höhere Durchmesser des Messpunktes beim Falcon-II-Scanner sein, der im Bereich des Oberflächenmodells quasi als Maximum-Operator und damit glättend wirkt. Um auch mit Daten wie denen aus der Milan-Befliegung umgehen zu können, findet man in der Literatur als Vorstufe zum Wasserscheiden-Algorithmus meistens eine Glättung der Daten (siehe auch Kapitel 2 – Stand der Technik). Diese wurde als Faltung mit einem mehrstufigen Filter ausgeführt. Zunächst werden lokale Störungen in Form von einen Pixel großen Ausreißern nach oben oder unten entfernt und durch die unmittelbaren Nachbarn interpoliert. Anschließend wird das Modell mit einem Gaußkern mit kleinem Radius gefiltert. Dies ist eine gängige Operation, um Rauschen im Datenmaterial zu entfernen. Abbildung 5.2 zeigt das Datenmaterial des Anbieters Milan Geoservice nach der Filterung.

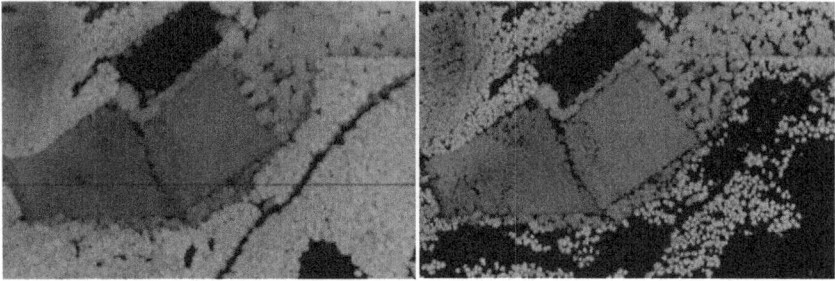

Abbildung 5.1: Differenzmodells eines Bestandes mit einem Toposys- (links) und einem Riegl-Scanner (rechts) aufgenommen.

Nach der Filterung werden alle lokalen Maxima bestimmt und synchron ein Gradientenabstieg durchgeführt. Abbildung 5.3 verdeutlicht das Vorgehen an einem einfachen Baummodell (Teilbild a) und dem zugehörigen normalisierten Oberflächenmodell (Teilbild b). In Teilbild c sind die lokalen Maxima markiert. Ausgehend von diesen Punkten werden nun die Wasserscheiden zwischen den Maxima gesucht und die Fläche entsprechend segmentiert (Teilbild d). Das Ergebnis der Berechnung ist eine zweidimensionale Karte, die die einzelnen Segmente beschreibt (Teilbild e).

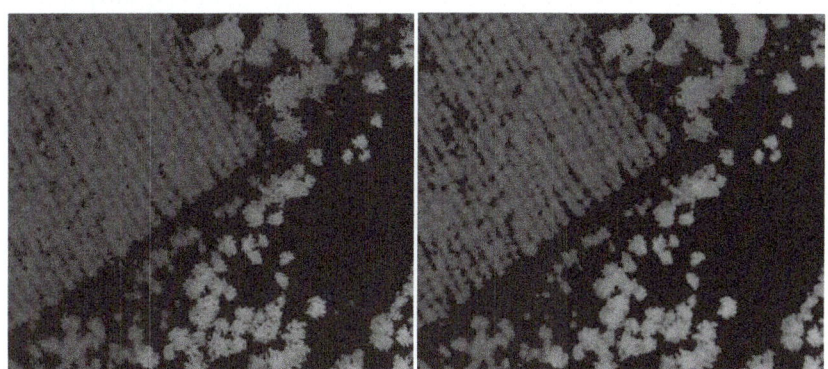

Abbildung 5.2: Ausschnitt aus dem Differenzmodell des Anbieters Milan Geoservice vor und nach der Filterung

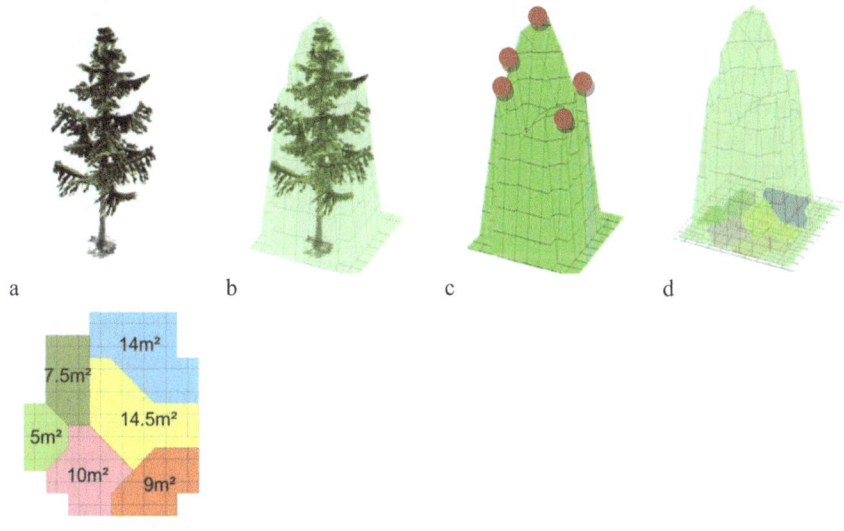

Abbildung 5.3: Rechenweg des Wasserscheiden-Algorithmus. a) Baummodell, b) zugehörige Einhüllende, c) lokale Maxima, d) Rechenergebnis, e) Kartendarstellung der einzelnen Flächensegmente

Ist ein Segment größer als ein definierter Schwellenwert, so wird am höchsten Punkt dieser Region ein Baum erzeugt, dessen Koordinaten sich aus den x- und y-Koordinaten des Punktes und der Höhe im FDGM-Modell als z-Koordinate ergeben. Der Höhenwert des Baumes wird aus dem (nicht geglätteten) Differenzmodell ausgelesen. Das angegebene Beispiel zeigt auch bereits eine Schwierigkeit des Wasserscheidenalgorithmus. Die gelbe und die blaue Region sind nahezu gleich groß, obwohl die blaue Region beim ursprünglichen Baum nur einen Nebenast beinhaltet. Da die Regionen, die einen Baum enthalten, und die übrigen Regionen eine sehr ähnliche Fläche aufweisen, fällt es schwer, einen allgemeinen Grenzwert für den gesamten Bestand anzugeben, der die Segmente anhand ihrer Größe in die Mengen Baum und Nebenast partitioniert.

5.2 Volumetrische Baumerkennung

Die Schwierigkeit des Wasserscheiden-Algorithmus ist, dass er die dreidimensionale Information lediglich auf eine zweidimensionale Flächeneinteilung reduziert und seine abschließenden Entscheidungen auf dieser reduzierten Grundlage ausführt. Die Höhe des einzelnen Segmentes bleibt dabei unberücksichtigt. An dieser Stelle setzt ein im Rahmen der Arbeit neu entwickelter Algorithmus, der Volumetrische Algorithmus zur Einzelbaumerkennung, an. Anstatt eine Fläche als Entscheidungskriterium zu verwenden, wird hier das Volumen eines Maximums betrachtet und somit der bisherige Algorithmus auf die dritte Dimension erweitert. Bei der Konzeption des Volumetrischen Algorithmus musste zunächst definiert werden, welche Anteile des Gesamtvolumens welchem lokalen Maximum zugeordnet werden.

Abbildung 5.4 zeigt in einer Schnittdarstellung, wie das Volumen bei zwei lokalen Maxima (=Einzelbaumkandidaten) aufgeteilt werden kann. Betrachtet man nur den Anteil des Volumens, der aus dem Oberflächenmodell herausragt (Teilbild links), so würde ein Baum nicht mehr erkannt werden, wenn er einen sehr hoch liegenden Nebenast besitzt, da dann beide Spitzen ein sehr niedriges Volumen aufweisen. Das grau eingefärbte Basal-Volumen unter beiden Maxima muss daher in die Entscheidung einbezogen werden. Dies ist auf zwei Varianten möglich: Entweder wird es zwischen den beiden Maxima aufgeteilt (Teilbild Mitte) oder in vollem Umfang dem höheren Maximum zugeschlagen (Teilbild rechts). Die Variante im mittleren Teilbild führt dazu, dass ineinander gewachsene Kronen leichter trennbar sind. Jedoch werden hoch angesetzte Nebenäste häufig auch als Baum erkannt, da sie ein ähnliches Volumen aufweisen wie der Hauptbaum. Durch die Unterteilung des Basal-Volumens auf die einzelnen Maxima wird es auch schwieriger, ein minimales Volumen anzugeben, ab dem ein lokales Maximum als Baum klassifiziert werden soll. Bäume, bei denen mehrere Äste als lokalen Maxima gescannt wurden, haben bei dieser Methode ein sehr viel geringeres Volumen je Einzel-Maximum. Die rechte Variante hingegen betont die höchsten Maxima (im Folgenden als dominante Maxima bezeichnet). Bei einer Doppelspitze erhält das höhere lokale Maximum im Gegensatz zur linken Variante auf jeden Fall ein ausreichendes Volumen, um erkannt zu werden. Außerdem ist entgegen dem Vorgehen in der mittleren Variante gewährleistet, dass das Hauptvolumen nicht zu sehr zerfällt. Bei den von anderen Maxima dominierten Kandidaten wird anhand des Volumens entschieden, ob sie einen Nebenast oder einen eigenen Wipfel repräsentieren. Stellt man dieses Volumen V eines Nebenastes, der kein gemeinsames Basalvolumen zugewiesen bekommt, vereinfacht als ein Produkt

$$V = c * Grundfläche * Höhe \qquad (5.1)$$

dar, so zeigt sich, dass der Algorithmus zum einen – wie der Wasserscheiden-Algorithmus – die Grundfläche nutzt, zum anderen aber die Tiefe der Einkerbung zwischen zwei lokalen Maxima – ähnlich wie ein Valley-Following-Algorithmus – betrachtet.

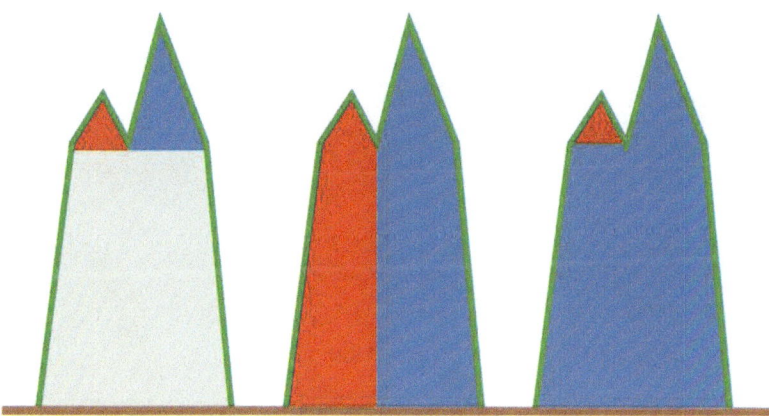

Abbildung 5.4: Zuordnung des Volumens, visualisiert an einer Schnittgrafik durch die Einhüllende eines Baumes

Die rechte Aufteilung, bei der das Basal-Volumen nur der dominanten Spitze zugerechnet wird, wurde für den Volumetrischen Algorithmus gewählt. Es zeigt sich, dass dieser Ansatz sehr gut über eine Flusssimulation berechnet werden kann. Abbildung 5.5 zeigt an einem Beispiel den Ablauf des Algorithmus. Im Teilbild a ist der bereits im Beispiel zum Wasserscheiden Algorithmus

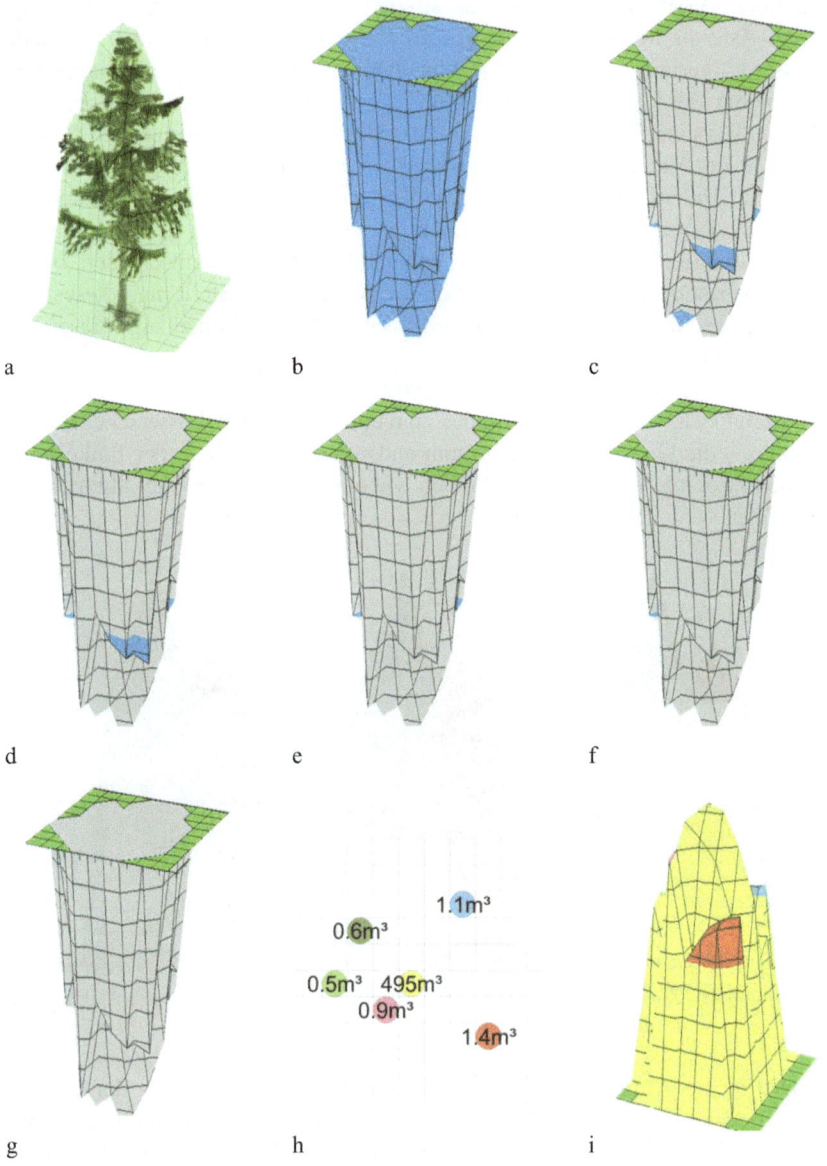

Abbildung 5.5: Beispielhafter Ablauf des Volumetrischen Algorithmus als Flusssimulation

verwendete Baum mit dem zugehörigen DOM zu sehen. Für die folgenden Teilbilder wurde dieses DOM am Boden gespiegelt, um die Idee des Flusses besser verdeutlichen zu können. Füllt man dieses Modell nun mit Wasser (Teilbild b), so kann man nun in jedem weiteren Zyklus diejenige Spitze bestimmen, auf der die höchste Wassersäule lastet und den Abfluss zu dieser Spitze berechnen. Diese Reihenfolge entspricht genau dem gewählten Kriterium, da so die dominanten Kandidaten zuerst betrachtet werden und das mit anderen lokalen Maxima geteilte Basal-Volumen nun diesen Kandidaten zufließt. Die Teilbilder c bis g zeigen dieses Vorgehen für die Zyklen eins bis drei sowie fünf und sechs (im vierten Zyklus ist aus der Betrachterposition keine Veränderung sichtbar).

Teilbild h zeigt das ermittelte Volumen für die einzelnen Kandidaten, wobei man erkennen kann, dass der Unterschied zwischen dem dominanten Maximum und den anderen Kandidaten bei diesem Algorithmus sehr viel deutlicher ausgeprägt ist, als beim Wasserscheiden-Algorithmus. Teilbild i zeigt diese Volumenanteile im 3D-Bild.

Im Ablaufdiagramm des Volumetrischen Algorithmus (Abbildung 5.6) wird dieses Vorgehen nochmals deutlich. Im nächsten Schritt soll nun die Komplexität dieses Algorithmus betrachtet werden.

Die äußere Schleife wird für jedes lokale Maximum einmal durchlaufen. Im Worst-Case kann es in einem quadratischen Rasterfeld von n Zellen

$$n_{max} = \frac{n}{4} \tag{5.2}$$

lokale Maxima geben, da um jedes lokale Maximum herum zumindest die vier direkt benachbarten Zellen kleinere Werte beinhalten müssen.

Innerhalb der Schleife gibt es zwei Aktionen, die nicht in konstanter Zeit ausgeführt werden können: die Suche nach dem höchsten Wasserpegel und die eigentliche Flusssimulation. Da sich die Wasserpegel aller Rasterzellen innerhalb eines Schleifendurchlaufes geändert haben können, muss in jedem Schritt neu nach dem höchsten Pegel gesucht werden, was in linearer Zeit möglich ist.

Aufwendiger ist die eigentliche Flusssimulation. Klassischer Ansatz für eine solche Simulation auf einem Rasterfeld ist ein zellulärer Automat. Im Folgenden wird daher die Simulation mit einem solchen betrachtet und der Aufwand hierfür als Komplexitätsabschätzung angegeben. In Abbildung 5.7 findet sich ein entsprechendes Beispiel für den ersten Schritt der Berechnung aus Abbildung 5.5. Die Pegel in den einzelnen Zellen sind hier als Graustufen wiedergegeben. Je heller die Graustufe, desto höher ist der Wasserstand in der jeweiligen Zelle. Teilbild a zeigt die Ausgangssituation. Der höchste Pegel befindet sich an der höchsten Stelle in der Mitte. Der Algorithmus startet mit dieser Zelle und simuliert, dass das Wasser von hier aus abläuft (Teilbild b). Im nächsten Schritt kommen die direkten Nachbarzellen hinzu. (Teilbild c). Auch für diese kann berechnet werden, welcher Anteil ihres Pegels abfließen kann und welcher Anteil gegebenenfalls durch eine Wasserscheide zurückgehalten wird. In jedem weiteren Schritt wird nun die Menge der vom Algorithmus betrachteten Rasterzellen weiter vergrößert (Teilbilder d bis f) und dabei jeweils die Menge an zusätzlichem Wasser ermittelt, das abfließen kann.

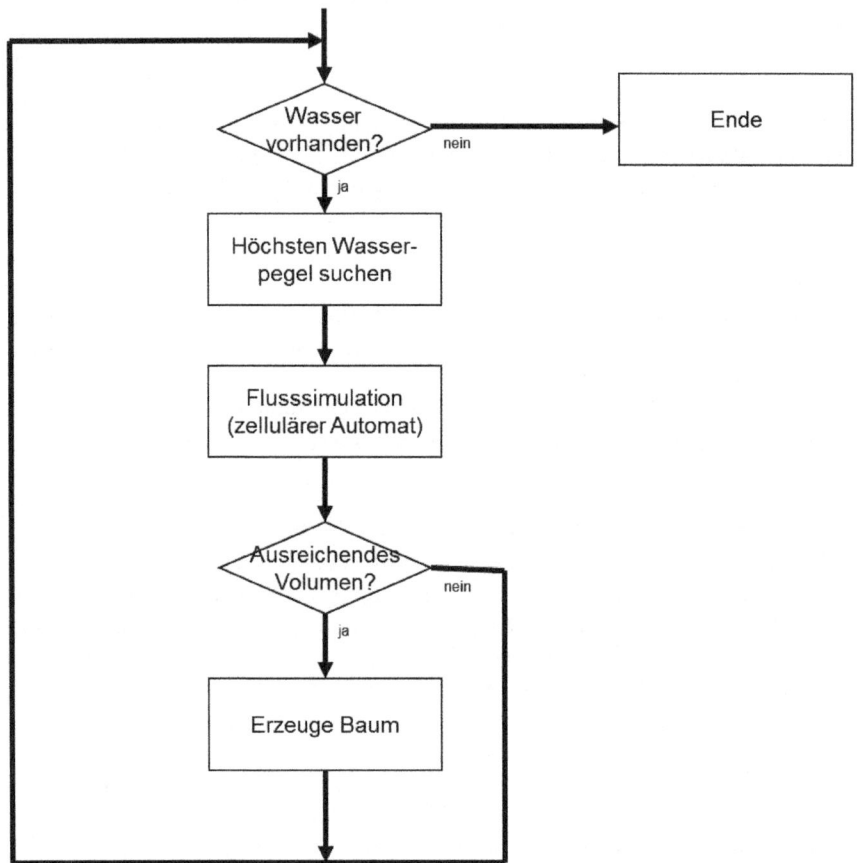

Abbildung 5.6: Ablaufdiagramm des Volumetrischen Algorithmus

In Teilbild f sieht es nun so aus, als wäre sämtliches Wasser bereits abgeflossen. In Wahrheit ist es aber so, dass die Restwasserstände lediglich so gering sind, dass die entsprechenden Graustufen nicht mehr zu erkennen sind. Teilbild g zeigt die gleiche Datensituation mit einer angepassten Darstellung der

Grauwerte. Dies ist nun die Ausgangssituation für den nächsten Berechnungsschritt, der wiederum damit beginnt, den höchsten Pegel als Startpunkt der nächsten Flusssimulation zu suchen.

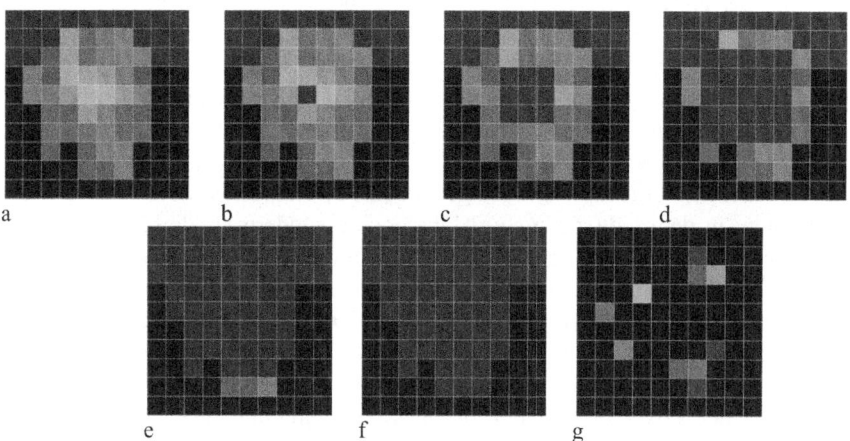

Abbildung 5.7: Die Flusssimulation des ersten Schrittes aus dem Beispiel in Abbildung 5.5

Diese Simulation betrachtet im ersten Schritt nur eine Zelle, dann kommt in jedem weiteren Schritt eine Zelle in jede Richtung hinzu. Im ungünstigsten Fall – wenn der Ausgangspunkt der Berechnung in einer Ecke des Rasterfeldes liegt – sind also

$$s = \sqrt{n} \quad (5.3)$$

Schritte erforderlich, um bei einem quadratischen Rasterfeld mit insgesamt n Zellen den Fluss zu simulieren. In diesem Fall werden im ersten Schritt 1 Zelle, im zweiten 2*2=4 Zellen und in jedem weiteren Schritt i i*i Zellen betrachtet. Es ergibt sich folgender Aufwand:

$$\sum_{i=1}^{s} i^2 = \frac{s(s+1)(2s+1)}{6} \approx \frac{s^3}{3} = \frac{n^{\frac{3}{2}}}{3} \quad (5.4)$$

Es lässt sich jedoch zeigen, dass auch eine listenbasierte Implementierung der Flusssimulation existiert, die ausnutzt, dass in jedem Schritt nur in den neu hinzugekommenen Zellen Änderungen vollzogen werden. Mit dieser Variante kann die Komplexität dieses Schrittes auf lineare Komplexität gesenkt werden.

Im Worst-Case benötigt dieser Algorithmus also m Wiederholungen der Schleife, wobei in jedem Schleifendurchlauf Aktionen mit linearer Komplexität ausgeführt werden müssen. Es ergibt sich eine Gesamtkomplexität dieses Algorithmus von

$$O(n^2) \qquad (5.5)$$

Bei der Auflösung der zur Verfügung stehenden Geodaten hat eine Waldfläche von einem Hektar bereits n=62.500 Gridzellen. Dies verdeutlicht die Dimensionen, in denen sich n üblicherweise bewegt, und zeigt damit auch, wie schnell die Laufzeit des Algorithmus ansteigt. Um auch große Flächen betrachten zu können, musste eine Variante des Algorithmus mit erheblich niedrigerer Komplexität gefunden werden.

Dazu hilft es, die Datengrundlage nicht als zweidimensionales Rasterfeld zu betrachten, in dem jede Zelle eine Höhe angibt, sondern als dreidimensionalen Satz von Voxeln, in dem jedes Voxel lediglich einen Wahrheitswert beinhaltet, der angibt, ob es belegt ist oder nicht. Abbildung 5.8 links zeigt eine entsprechende Darstellung. Die einzelnen Voxel-Schichten können hier wie Einzelaufnahmen aus einem DICOM-Stapel einer MRT- oder CRT-Aufnahme gesehen werden.

Jedes der Voxel kann einem lokalen Maximum zugeordnet werden, wobei die Anzahl der Voxel, die einem lokalen Maximum zugeordnet sind, proportional zum Volumen, das im ursprünglichen Algorithmus generiert wurde, ist. Es muss also ein Algorithmus entwickelt werden, der die Voxel entsprechend zuordnet und dabei effizienter vorgeht als die Flusssimulation auf einem zellulären Automaten.

Hier kann ein geometrischer Algorithmus aus der Klasse der Plane Sweep Algorithmen eingesetzt werden. Die Idee hinter dem geometrischen Algorithmus ist, dass sich eine gedachte Ebene durch die zu analysierenden Daten bewegt und sämtliche Berechnungen immer nur in dieser Ebene erfolgen. Auf dieser Berechnungsebene ist beim hier beschriebenen Algorithmus als Datenstruktur ein Rasterfeld mit der gleichen Auflösung wie das nDOM vorhanden, das Zugehörigkeiten zu lokalen Maxima angeben soll. Zu Beginn ist diese Struktur mit leeren Zellen initialisiert. Die Berechnungsebene wird nun schichtweise von oben nach unten durch die Voxelebenen bewegt, bis die oberste Ebene erreicht wird, auf der mindestens ein Voxel gesetzt ist.

An dieser Stelle werden alle Positionen der Voxel auf dieser Höhenschicht auf der Berechnungsebene als neu markiert und ein „Such- und Einfärbeschritt" („seek and paint") aufgerufen (Abbildung 5.8, rechts, oberes Teilbild). In diesem Schritt wird die gesamte Berechnungsebene durchlaufen. Wird ein neuer Punkt erreicht, wird für diesen ein neues lokales Maximum angelegt. Anschließend wird ein Flutfüllungs-Algorithmus („flood-fill") aufgerufen, der alle angrenzenden neuen Punkte auf der Ebene als diesem Maximum zugehörig markiert. Die entsprechende Zahl an Punkten wird in einer Tabelle für jedes Maximum festgehalten. Auf der obersten Ebene wird so mindestens ein lokales Maximum markiert. Es können auch mehrere lokale Maxima auftreten, falls es verschiedene nicht verbundene Voxel-Stapel auf der gleichen Höhe gegeben hat.

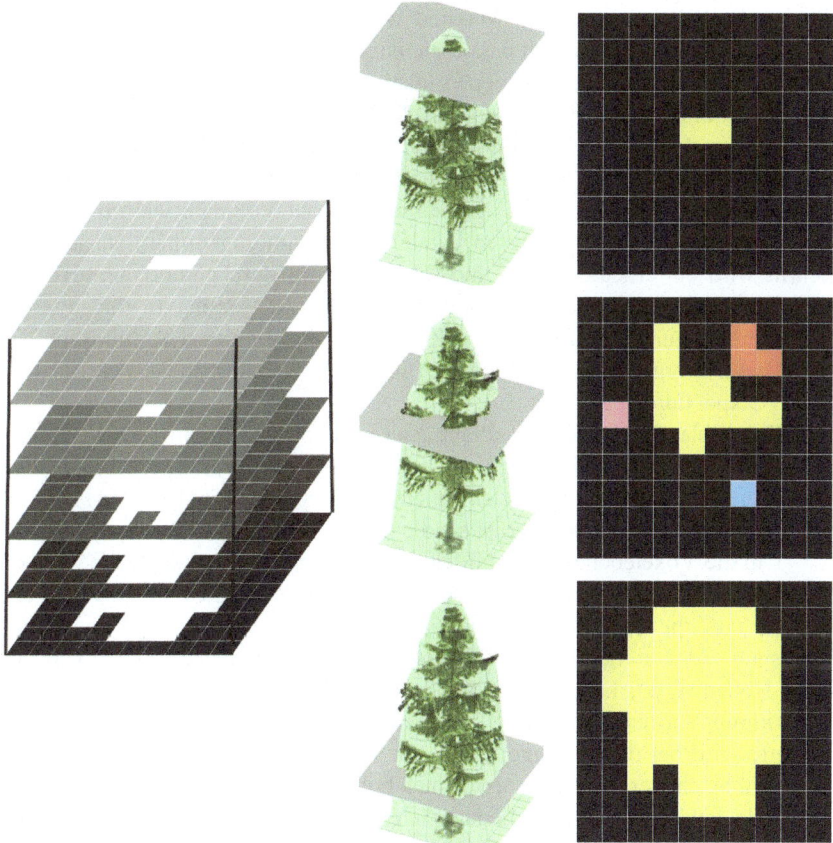

Abbildung 5.8: Beispielablauf des Plane Sweep Algorithmus

Anschließend bewegt sich die Berechnungsebene weiter durch den Voxelstapel. Kommen auf einer Höhenschicht des Stapels keine neuen Punkte zur Berechnungsebene hinzu, muss auch kein neuer Such- und Einfärbeschritt ausgeführt werden. Es reicht aus, die Gesamtzahl der zugehörigen Voxel eines lokalen Maximums um den Wert aus der letzten Ebene zu erhöhen.

Kommen hingegen neue Punkte hinzu, muss zunächst geprüft werden, ob diese Punkte zu den bisher bekannten lokalen Maxima gehören. Hierzu werden nach Einfügen der neuen Punkte auf der Berechnungsebene ab den Positionen der bereits bekannten lokalen Maxima wiederum Flutfüllungs-Funktionen angestoßen. Dabei kann es auch passieren, dass die neu hinzugekommenen Punkte zwei oder mehrere zu verschiedenen lokalen Maxima gehörigen Regionen verbinden (Abbildung 5.8, rechts, unteres Teilbild). An dieser Stelle ist daher die Reihenfolge der Aufrufe des Füll-Algorithmus essenziell. Diese müssen in der Reihenfolge erfolgen, in der die lokalen Maxima erstmals erreicht wurden. Nur bei dieser Reihenfolge wird das gemeinsame Basal-Volumen wie im ursprünglichen Algorithmus dem höchsten lokalen Maximum zugeordnet. Nach diesem Schritt wird ein erneuter Such- und Einfärbeschritt durchgeführt, um eventuell zusätzlich auf dieser Ebene hinzugekommene lokale Maxima zu finden und in die Datenstruktur einzufügen. (Abbildung 5.8, rechts, mittleres Teilbild).

Dieser Vorgang wird ausgeführt, bis die Berechnungsebene den gesamten Voxel-Stapel durchlaufen hat.

Das Ablaufdiagramm der Plane Sweep Implementierung des Volumetrischen Algorithmus (Abbildung 5.9) zeigt, dass diese Variante sehr viel aufwendiger wirkt, jedoch zeigt sich in einer Komplexitätsanalyse, dass die Berechnung wesentlich effizienter ist als die Berechnung über Flusssimulationen.

Um die Voxelebenen auszubilden, werden die obersten Punkte einer Voxelsäule im Ablaufdiagramm zunächst nach Höhe sortiert. Da es hier aber nur endlich viele mögliche Höhen gibt (100m als maximale Baumhöhe, und eine Höhenauflösung von 1cm beim Oberflächenmodell ergeben maximal 10.000 verschiedene Höhenwerte), kann dieser Sortierschritt effizient zum Beispiel mit dem Algorithmus „Bucketsort" in Linearzeit bewältigt werden. Die eigentliche Schleife wird bei diesem Algorithmus für jede Höhenstufe einmal durchlaufen, also ergibt sich hier eine feste, wenn auch hohe Anzahl an Durchläufen.

Jede Schleifeniteration gliedert sich in maximal vier Aktionen: Einfügen von neuen Zellen, alte Maxima einfärben, Such- und Färbeschritt ausführen und das Volumen der bisher bekannten Maxima anpassen. Da maximal n Zellen in einem Schritt eingefügt werden können und der eigentliche Einfügevorgang konstante Zeit benötigt, ist der erste Schritt auf jeden Fall in linearer Zeit möglich. Im zweiten Schritt (Einfärben nach bisher bekannten lokalen Maxima) kann bei Verwendung des vierfach verbundenen oder vier Nachbarn-Füllalgorithmus („4-connected flood-fill" beziehungsweise „4-neighbour flood-fill") insgesamt bei allen Aufrufen in einer Ebene jede Zelle nur maximal vier Mal erreicht werden –

unabhängig von der Anzahl der Regionen. Dadurch ergibt sich für diesen Schritt, wie auch mit gleicher Begründung für den Such- und Färbeschritt eine lineare Komplexität. Zum Ende verbleibt die Anpassung der Volumina der einzelnen lokalen Maxima, was maximal n_{max} (=Anzahl der lokalen Maxima, in 5.2 abgeschätzt mit $n_{max} \leq n/4$) Additionen erfordert.

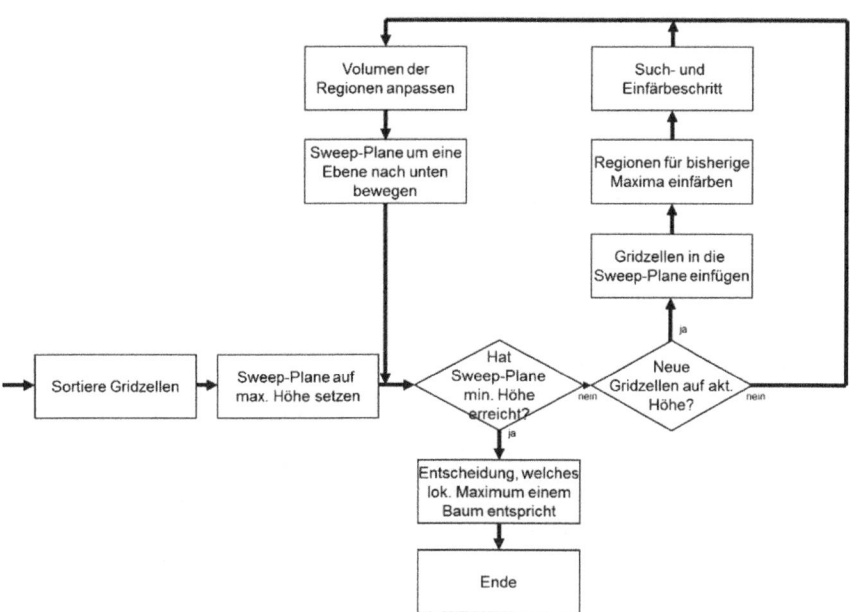

Abbildung 5.9: Ablaufdiagramm des Plane Sweep Algorithmus

Insgesamt ergibt sich somit folgende Worst-Case-Komplexität für jede Iteration:

$$n + 2 * (4 * n) + n_{max} \leq 9\frac{1}{4}n \in O(n) \qquad (5.6)$$

Zusammen mit der konstanten Anzahl von Ebenen ergibt sich daher eine Gesamtkomplexität von

$$O(n) \qquad (5.7)$$

Gegenüber der ursprünglichen Implementierung mit ihrer quadratischen Laufzeit ist dies natürlich eine erhebliche Komplexitätsverbesserung. Trotzdem werden sehr kleine Bestände mit der Flusssimulation schneller berechnet, da hier nicht 10.000 Voxelebenen nacheinander betrachtet werden müssen. Bei kleinem n gilt dann

$$n^2 < 10.000 * n \qquad (5.8)$$

Abschließend sei noch angemerkt, dass es keinen Algorithmus geben kann, der Einzelbäume auf einem rasterbasierten Oberflächenmodell berechnet und eine Komplexitätsklasse besitzt, die besser als linear ist, da jede Rasterzelle zumindest einmal angesehen werden muss. Somit sind sämtliche anderen Algorithmen für dieses Problem maximal um einen konstanten Faktor schneller als der hier angegebene.

5.3 Baumerkennung unter Verwendung von Hintergrundwissen

Einige Baumarten wie zum Beispiel die Buche weisen in den Höhendaten keine klar erkennbaren Kronen auf. Ein typischer Buchenwald mittleren Alters sieht von oben ähnlich wie ein Blumenkohl aus, bei dem nicht klar ist, ob einzelne Erhebungen eigenständige Bäume sind oder zu benachbarten Bäumen dazugehören (Abbildung 5.10). Verfahren wie der Wasserscheiden-Algorithmus oder der Volumetrische Ansatz können zwar in vielen Fällen die einzelnen Erhebungen erkennen, jedoch ist es ohne Hintergrundwissen selbst für einen erfahrenen Bediener nicht möglich zu erkennen, unter welchen Erhebungen sich tatsächlich Bäume befinden.

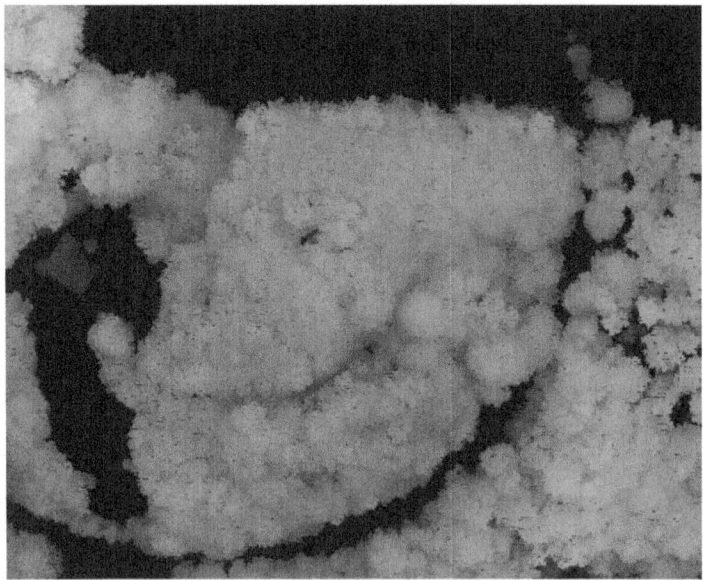

Abbildung 5.10: Laubwald im normalisierten Oberflächenmodell

Häufig steht jedoch Hintergrundwissen über die Bestände zur Verfügung, das hier genutzt werden kann. Im einfachsten Fall kann das eine Information über das Alter des Bestandes sein. Diese Information steht im eingerichteten, beziehungsweise forstlich genutzten Wald häufig zur Verfügung und kann aus den Datensätzen von vergangenen Forstinventuren oder aus Forsteinrichtungswerken entnommen werden. Diese Information ist interessant, da sich aus ihr weitere Attribute des Bestandes ableiten lassen.

Um die Strukturen im normalisierten Oberflächenmodell auflösen zu können, wäre es sinnvoll, eine zumindest ungefähre Angabe zum Kronendurchmesser eines Baumes zur Verfügung zu haben. Bei der Diskussion einer Einzelbaumattribuierung (Kapitel 5.6) werden die Ergebnisse einer Regressionsrechnung zwischen Höhe, Kronenschirmfläche und Alter für die Baumart Fichte diskutiert. Eine solche Formel könnte an dieser Stelle genutzt werden. Da dieser Zusammenhang bisher nur für eine Baumart zur Verfügung steht, die Einzelbaumerkennung jedoch unabhängig von der jeweiligen Baumart einsetzbar sein soll, wurde hier eine stark vereinfachte Heuristik auf Basis der Hilfstafeln der Forsteinrichtung [Spelsberg, 2009] verwendet, um den Kronendurchmesser abzuschätzen.

Die Hilfstafeln der Forsteinrichtung beschreiben Waldbestände mit ihren Eigenschaften. Dabei werden zum Beispiel das Alter und die dafür typische Bestandeshöhe miteinander verknüpft. Dabei dient die sogenannte Ertragsklasse als Bindeglied. Sie spezifiziert die Leistungsfähigkeit des jeweiligen Standortes. Abbildung 5.11 zeigt ein Beispiel einer Tabelle der Hilfstafeln für die Baumart Fichte. Bei der Arbeit mit den Hilfstafeln muss berücksichtigt werden, dass diese lediglich Informationen für Bestände beziehungsweise Bestandesschichten, nicht jedoch für Einzelbäume wiedergeben. Nutzt man diese Informationen für Einzelbäume, ist mit einer erheblichen Unschärfe zu rechnen. Für die im Folgenden hergeleitete Heuristik wird jeder Baum als typischer Vertreter seiner Schicht angenommen.

Nun wird für diese Schicht über Alter und Höhe eine Ertragsklasse abgeleitet. Über Alter und Ertragsklasse kann nun aus einer weiteren Tabelle der Hilfstafeln eine typische Stammzahl des Bestandes je Hektar abgelesen werden. Der Kehrwert der Stammzahl weist jedem Baum eine durchschnittliche Fläche A zu.

$$A = \frac{1\ ha}{Anzahl\ Stämme} \tag{5.9}$$

Setzt man voraus, dass Bäume meist eine runde Krone besitzen, kann man daraus auf einen Kronendurchmesser L schließen.

$$L = \sqrt{\frac{4A}{\pi}} \tag{5.10}$$

Baumart: **Fichte**
Untere Höhengrenzwerte
für Oberhöhen in m

Alter	Ertragsklassen								
	IA,0	IA,5	I,0	I,5	II,0	II,5	III,0	III,5	IV,0	IV,5
20	10,5	9,2	7,9	6,6	5,5	4,6				
25	13,1	11,8	10,3	8,8	7,5	6,4				
30	15,9	14,4	12,9	11,2	9,7	8,2	6,8	5,4		
35	19,0	17,3	15,5	13,7	11,9	10,2	8,6	7,3		
40	21,8	19,9	18,0	16,0	14,1	12,2	10,6	9,1	7,6	6,0
45	24,5	22,4	20,4	18,3	16,4	14,5	12,7	11,0	9,3	7,6
50	26,8	24,7	22,6	20,4	18,4	16,5	14,6	12,8	11,0	9,2
55	28,7	26,6	24,5	22,4	20,3	18,2	16,3	14,5	12,7	10,8
60	30,0	28,1	26,1	24,0	22,0	19,9	17,9	16,0	14,2	12,3
65	31,2	29,3	27,4	25,5	23,4	21,3	19,3	17,4	15,6	13,7
70	32,3	30,6	28,7	26,7	24,7	22,6	20,6	18,7	16,8	14,9
75	33,5	31,7	29,8	27,9	25,9	23,8	21,8	19,9	18,0	16,1
80	34,5	32,7	30,8	28,9	26,9	14,8	22,8	20,9	19,0	17,1
85	35,3	33,6	31,7	29,8	27,8	25,7	23,8	21,9	20,0	18,2
90	36,1	34,4	32,6	30,7	28,7	26,6	24,6	22,7	20,8	19,1
95	36,9	35,2	33,4	31,5	29,5	27,4	25,5	23,6	21,7	19,9
100	37,6	35,9	34,1	32,2	30,2	28,2	26,3	24,4	22,6	20,7
105	38,2	36,3	34,8	32,9	31,0	29,1	27,1	25,1		
110	38,8	37,2	35,4	33,5	31,6	29,7	27,9	26,0		
115	39,3	37,7	36,0	34,1	32,2	30,4	28,5	26,6		
120	39,8	38,1	36,4	34,5	32,7	31,0	29,2	27,3		

Abbildung 5.11: Der Zusammenhang zwischen Alter (Zeilenköpfe), Ertragsklasse (Spaltenköpfe) und Oberhöhe (Werte) für die Baumart Fichte (Bild: [Spelsberg, 2009])

Dieser berechnete Wert für den Kronendurchmesser kann nur eine grobe Abschätzung des tatsächlichen Wertes liefern, da
- auf diese Art und Weise lediglich der durchschnittliche Baum beschrieben ist und individuelle Abweichungen des einzelnen Baumes nicht berücksichtigt werden.
- es bekannt ist, dass die Hilfstafeln, deren Angaben auf Versuchspflanzungen Anfang des 20. Jahrhunderts zurückgehen, die heutigen Stammzahlen nicht mehr korrekt wiedergeben. Aufgrund des höheren Stickstoffeintrages ist heute davon auszugehen, dass weniger Bäume auf der Fläche stehen, die dafür stärker sind.

Dennoch soll diese Abschätzung des Kronendurchmessers hier einfließen. Die Idee des informierten Algorithmus zur Einzelbaumerkennung ist, sukzessive eine Kronenkarte aufzubauen und darin zu prüfen, ob ein zusätzlicher Baum überhaupt noch genügend Platz im Kronendach hätte.

Die Einzelbaumkandidaten – sämtliche lokalen Maxima des nDOM – werden zunächst nach Höhe sortiert. Die Kronenkarte soll mit absteigender Höhe aufgebaut werden, da höhere und kräftigere Bäume in der Natur niedrigere eher verdrängen würden und erstere somit bevorzugt in die Kronenkarte aufgenommen werden müssen. Abbildung 5.12 zeigt im Teilbild a einen Bestand aus verschieden hohen Bäumen. Teilbild b zeigt ein DOM dieses Bestandes, bei dem die lokalen Maxima rot eingefärbt wurden. Es sind sechs lokale Maxima zu erkennen, obwohl der Bestand nur aus fünf Bäumen besteht. Der Algorithmus berechnet nun den Kronendurchmesser für den höchsten Kandidaten. In der Kronenkarte wird nun überprüft, welcher Anteil der Krone bereits von anderen Bäumen belegt ist. Liegt dieser Anteil unter einem Schwellenwert, wird der Kandidat als Baum übernommen und seine Krone in die Karte eingezeichnet. Beim ersten Baum ist die Karte noch komplett leer, sodass dieser Baum übernommen wird (Teilbild c). Auch in den folgenden Schritten für die Maxima 2 bis 5 weist die berechnete Krone nur geringe Überlappungen zu den bereits vorhandenen Kronen auf. Daher werden auch diese Bäume übernommen (Teilbild d-g). Beim letzten Maximum würde nur ein kleiner Teil der berechneten Krone im Kronendach sichtbar sein. Dieser Baum wird verworfen, da der Anteil unter dem Schwellenwert liegt.

Auch bei diesem Algorithmus ist ein zusätzlicher freier Parameter erforderlich: Zum einen ist nicht jeder Bestand voll bestockt und es muss möglich sein, auf die verschiedenen Baumdichten Rücksicht zu nehmen. Zum anderen überschätzen - wie oben erläutert - die Hilfstafeln die Stammzahlen je Hektar eines Bestandes. Daher muss es auch möglich sein, die heutigen größeren Kronendurchmesser zu berücksichtigen. Der freie Parameter skaliert hier die Größe der Krone, um die Bestandesdichte und die zu hohe Stammzahl auszugleichen. Alternativ wäre es auch denkbar, den Schwellenwert anzupassen, jedoch führt dies bei dichter stehenden Bäumen zum gleichen Ergebnis, während es in einem sehr lichten Bestand keine großen Auswirkungen hätte.

Von seiner Konzeption her berücksichtigt dieses Verfahren nur Bäume der ersten bis maximal dritten Kraftschen Klasse (Abbildung 5.13) [Kraft, 1884]. Dies sind die vorherrschenden, herrschenden und mitherrschenden Bäume eines Bestandes. Bäume im Unterstand oder Bäume, von denen nur ein kleiner Teil durch eine Lücke zwischen herrschenden Bäumen sichtbar ist, werden nicht berücksichtigt. Dies würde der Klasse 4a, 4b und 5 entsprechen.

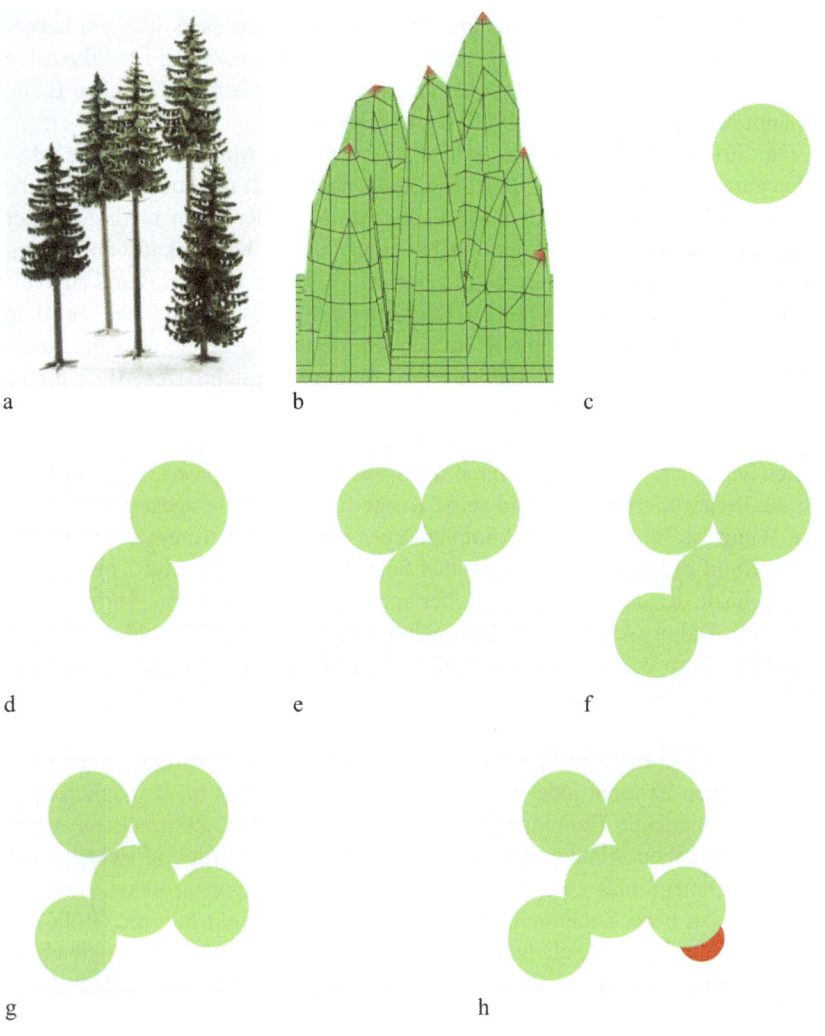

Abbildung 5.12: Vorgehen des informierten Algorithmus an einem Beispiel

Auch für diesen Algorithmus soll die Komplexität analysiert werden. Abbildung 5.14 zeigt hierfür das Ablaufdiagramm. Die Schleife wird hier für jedes Maximum einmal, also insgesamt maximal

$$n_{max} = \frac{n}{4} \qquad (5.11)$$

Abbildung 5.13: Bedeutung der Kraftschen Klassen (Bild: [Kraft, 1884])

Mal aufgerufen. Innerhalb der Schleife erfolgen nur Aufrufe mit Laufzeit
$$O(1) \tag{5.12}$$
Dabei ist die Größe der Krone und damit der Aufwand zum Überprüfen oder Eintragen in der Karte zwar nicht konstant, lässt sich jedoch mit der maximalen Fläche nach Ertragstafel nach oben abschätzen.

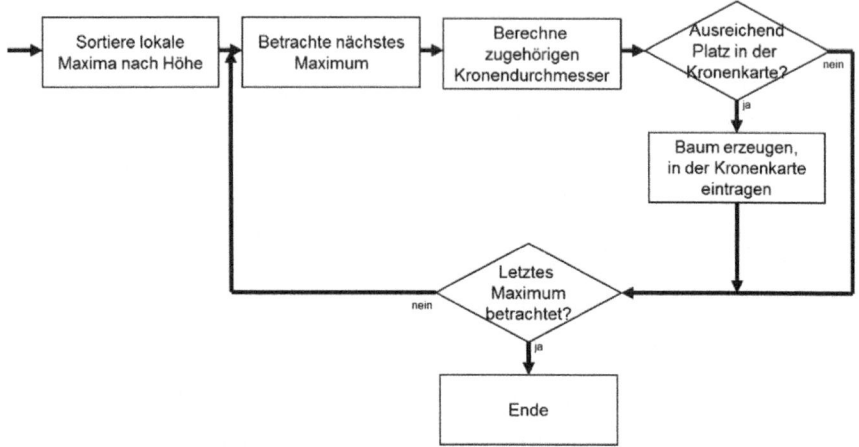

Abbildung 5.14: Ablaufdiagramm für den informierten Algorithmus

5.4 Statistische Baumgenerierung

Ist die Dichte der vorhandenen Messpunkte zu gering, um im Differenzmodell einzelne Bäume zu erkennen oder sind für einen Bestand keine Befliegungsdaten vorhanden, so können dennoch Einzelbauminformationen generiert werden, die Ähnlichkeit mit der Realität haben, bei denen jedoch die einzelnen generierten Bäume keinen Bäumen im realen Bestand entsprechen.

Die benötigten Informationen werden wiederum aus den Daten der Forsteinrichtung gelesen. Gegebenenfalls können diese Daten auch aus schlechter aufgelösten Fernerkundungsdaten abgeleitet werden [Roßmann, Schluse, Bücken, Hoppen, 2009]. Über das Alter, die Ertragsklasse und den Bestockungsgrad des Bestandes wird zunächst analog zum informierten Verfahren die Stammzahl bestimmt. Anschließend versucht das Verfahren jedoch nicht, aus lokalen Maxima des Oberflächenmodells auf Einzelbäume zu schließen, sondern nutzt stattdessen diese Information und einige einstellbare Parameter, um einen realitätsnahen Wald zu erzeugen, der jedoch nicht auf Einzelbaumebene mit dem realen Wald übereinstimmt.

Als erster Parameter ist hier eine mögliche Abweichung der Baumanzahl zu nennen. Nicht jeder Bestand ist voll bestockt und enthält nach den vorangegangenen Erntemaßnahmen exakt die Anzahl an Bäumen wie ein Normbestand. Für diesen Parameter kann auch der Bestockungsgrad genutzt werden, da dieser eine von der Norm abweichende Kreisfläche beschreibt und diese durch eine abweichende Stammzahl oder einen abweichenden Brusthöhendurchmesser zustande kommen kann.

Als Nächstes wird diese Anzahl an Bäumen auf der Bestandesfläche verteilt. Viele Bestände sind aus Pflanzungen entstanden. In diesem Fall sind mehr oder wenig stark ausgeprägte Pflanzreihen zu beobachten. Ist für einen Bestand bekannt, dass er aus einer Pflanzung entstanden ist, kann über je einen Parameter zur Ausprägung und zur Orientierung der Pflanzreihen das verwendete Grundraster der Bäume angepasst werden.

Als letzte Parameter des Verfahrens können Abweichungen in x- und y-Richtung, sowie in der Höhe angegeben werden. Die Position wird dann mit einem entsprechenden Zufallswert modifiziert und die Höhe der Einzelbäume liegt zufallsverteilt um die Bestandesmittelhöhe.

Die so erzeugten Wälder wirken zwar auf den Betrachter in der virtuellen Realität plausibel, sind aber nicht mit realen Baumkonfigurationen vergleichbar. Aus diesem Grund wird dieser Ansatz beim Vergleich in Kapitel 7 nicht weiter berücksichtigt.

5.5 Der Schritt zur vollautomatischen Einzelbaumerkennung

Die in Kapitel 5.1 bis 5.3 vorgestellten Verfahren zur Einzelbaumerkennung arbeiten nur teilautomatisch. In jedem Verfahren gibt es mindestens einen freien Parameter, der interaktiv zur Laufzeit eingestellt werden muss.

Gerade bei sehr großen Gebieten, für die Einzelbäume segmentiert werden sollen, ist dieses Vorgehen jedoch wenig sinnvoll. Hier müsste der Anwender jeweils auf die Vorsegmentierung durch den Algorithmus warten, die Einstellung für jede Baumart des Bestandes vornehmen und bestätigen, bevor er wieder auf die nächste Vorsegmentierung wartet. Dieser Vorgang wird zwar durch eine entsprechende grafische Benutzeroberfläche unterstützt und verläuft interaktiv, jedoch wäre er dennoch sehr langwierig und damit kostenaufwendig. Für VR-Anwendungen ist jedoch nicht zwangsläufig eine solch hohe Datenqualität erforderlich. In diesem Abschnitt soll daher darauf eingegangen werden, wie das Verfahren vollautomatisch ablaufen kann. Dies wird am Beispiel des Volumetrischen Algorithmus verdeutlicht. Bei diesem Algorithmus war bisher als freier Parameter der Volumen-Schwellenwert einzustellen.

Es gibt verschiedene Möglichkeiten, wie man eine Heuristik für diesen Wert generieren kann. Zunächst ist es möglich, den Wert für verschiedene Bestände und Umgebungsbedingungen von Experten einstellen zu lassen und die vorgegebenen Einstellungen mit forstlichen, aus Fernerkundungsdaten erkennbaren Attributen des Bestandes in Relation zu setzen. Es zeigt sich jedoch, dass verschiedene Experten nicht zwangsläufig zum gleichen Schwellenwert kommen. Um den Schwellenwert also abzusichern, müsste der entsprechende Kalibrationsschritt von sehr vielen Anwendern durchgeführt werden, damit anschließend ein durchschnittlicher Schwellenwert bestimmt werden kann. Eine zweite Variante ist, die Auswahl des Schwellenwertes im Vergleich mit am Boden aufgenommenen Daten („Ground-Truth") zu objektivieren. Dies wird für mehrere verschiedenartige Bestände mit dem Ziel wiederholt, aus der Relation zwischen ermitteltem Schwellenwert und Attributen des Bestandes eine Abhängigkeit zu erkennen, um auch für weitere Bestände, für die keine entsprechenden am Boden verifizierten Daten existieren, einen entsprechenden Schwellenwert angeben zu können.

Ähnliche Anforderungen treten auch in anderen Bereichen der Wissenschaft auf. So beschreibt beispielsweise Obuchowski [Obuchowski, 2005] die Auswertung von Mammografie-Ergebnissen. Hier soll einem Röntgenbild mit bestimmten Eigenschaften das Ergebnis „Brustkrebs" oder „gesund" zugeordnet werden. Obuchowski nutzt hier die Receiver-Operator-Charakteristik (ROC) [Fawcett, 2003], die im Bereich der Nachrichtentechnik und Signalverarbeitung entwickelt wurde. Mit diesem Verfahren lassen sich Ergebnisse eines Prozesses mit bekannten Daten in Verbindung bringen, um eine möglichst gute Einstellung des Prozesses zu ermitteln. Im Falle der Mammografie können mit diesem Verfahren automatische Bildauswertungen mit realen Befunden abgeglichen werden, im Rahmen der Einzelbaumerkennung können segmentierte Bäume mit realen Bäumen am Boden übereingebracht werden.

Zur Anwendung der ROC werden die Segmentierungsergebnisse des Algorithmus für verschiedene Einstellungen der freien Parameter – am Beispiel des Volumen-Schwellenwertes – mit gemessenen Referenzdaten verglichen. Die Receiver-Operator-Charakteristik betrachtet dazu eine Kandidatenmenge C, die eine Obermenge der segmentierten und der real vorhandenen Bäume darstellt. Für das Beispiel des Volumetrischen Algorithmus kann hier die Menge aller lokalen Maxima im nDOM betrachtet werden, wenn die am Boden aufgenommenen Daten einzelnen Maxima zugeordnet werden. Die Elemente in C werden nun für jeden Segmentierungsvorgang in die vier Teilmengen TP, FP, FN und TN eingeteilt (Tabelle 5.1).

Im Beispiel der Einzelbaumerkennung enthalten diese Teilmengen folgende Elemente:
- P (Positiver Messpunkt, „Positives"): alle lokalen Maxima, die einem realen Baum entsprechen.
- N (Negativer Messpunkt, „Negatives"): alle lokalen Maxima, die keinem realen Baum entsprechen, also durch einen Nebenast oder einen Messfehler entstanden sind.

- D (Detektierter Messpunkt, „Detected"): alle lokalen Maxima, die mit den aktuellen Einstellungen des Algorithmus als Einzelbaum klassifiziert wurden.
- ND (Nicht detektierter Messpunkt, „Not detected"): alle lokalen Maxima, die mit den aktuellen Einstellungen des Algorithmus nicht als Einzelbaum klassifiziert wurden.

Tabelle 5.1: Receiver Operator Charakteristik: Einteilung der Testwerte in verschiedene Klassen

		Terrestrisch aufgenommene Daten	
		Ja (P)	Nein (N)
Segmentierungsergebnis	Ja (D)	Richtig Positiv („True Positive") TP	Falsch Positiv („False Positive") FP
	Nein (ND)	Falsch Negativ („False Negative") FN	Richtig Negativ („True Negative") TN

- TP (Richtig Positiv, „True Positives"): alle Bäume, die vom Algorithmus erkannt wurden und mit einem realen Baum übereinstimmen (korrekt erkannte Bäume).
- FP (Falsch Positiv, „False Positives"): alle Bäume, die zwar vom Algorithmus erkannt wurden, jedoch nicht mit einem realen Baum übereinstimmen (fälschlicherweise zusätzlich erkannte Bäume).
- FN (Falsch Negativ, „False Negative"): lokale Maxima, die nicht als Baum klassifiziert wurden, jedoch einem realen Baum entsprechen (nicht erkannte Bäume).
- TN (Richtig Negativ, „True Negative"): lokale Maxima, die nicht als Baum klassifiziert wurden und auch keinem realen Baum entsprechen (korrekt verworfene Bäume).

Die Kardinalitäten dieser Mengen können für verschiedene Einstellungen des Algorithmus grafisch gegeneinander aufgetragen werden. Dazu werden entweder die Kardinalitäten selbst

$$|TP| \tag{5.13}$$

und
$$|FP| \quad (5.14)$$
oder die TP-Rate (Trefferrate, beziehungsweise „Hit-Rate")
$$TP - Rate = \frac{|TP|}{|P|} \quad (5.15)$$
und die FP-Rate (Fehlalarm-Rate, beziehungsweise „False-Alarm-Rate")
$$FP - Rate = \frac{|FP|}{|P|} \quad (5.16)$$
genutzt. Für jede Einstellung des Schwellenwertes wird nun ein Punkt generiert und in einem Graphen eingetragen. Im Falle des Volumetrischen Algorithmus ist hier ein monotoner Verlauf des Graphen zu erwarten. Sowohl die Anzahl der richtig Positiven als auch die Anzahl der falsch Positiven wächst monoton mit sinkendem Schwellenwert, da ein Baum, der für einen bestimmten Schwellenwert erkannt wurde bei diesem Verfahren auch für alle niedrigeren Schwellenwerte wieder erkannt werden wird. Ein kleinerer Schwellenwert entspricht hierbei einer feineren Segmentierung.

Abbildung 5.15 zeigt zwei Beispiele für solche ROC-Graphen. Der obere Fall stellt den in der Realität selten vorkommenden Idealfall dar. Dieser Graph lässt sich wie folgt interpretieren: Mit sich änderndem Schwellenwert steigt zunächst die Anzahl der korrekt erkannten Bäume. Erst wenn diese den maximalen Wert erreicht, kommt es das erste Mal zu einer Übersegmentierung und ein zusätzlicher Baum wird erkannt. In diesem Beispiel hätte der Algorithmus also eine Einstellung, bei der er ein perfektes Segmentierungsergebnis liefert.

Das untere Beispiel zeigt hingegen einen Graphen, wir er in der Realität häufiger vorkommt. Auch hier werden zunächst Bäume korrekt erkannt. Dann kommen jedoch schon, bevor alle Bäume erkannt sind, die ersten falsch Positiven hinzu. Hier findet also in lokal beschränkten Bereichen bereits eine Übersegmentierung statt, obwohl bei Weitem noch nicht alle Bäume detektiert wurden.

Die Idee bei der Nutzung der Receiver-Operator-Charakteristik ist nun, über diesen Graphen objektiv einen Schwellenwert auszuwählen. Dabei können abhängig von der Anwendung verschiedene Strategien definiert werden. Abbildung 5.16 zeigt Beispiele für verschiedene Strategien. Im oberen Teilbild ist wiederum ein ROC-Graph zu sehen. Das untere Teilbild verdeutlicht das gleiche Beispiel in einer anderen Darstellung. Hier sind auf der x-Achse verschiedene Schwellenwerte aufgetragen und auf der y-Achse die Anzahl der richtig Positiven und falsch Positiven, die für diesen Schwellenwert hinzukommen.

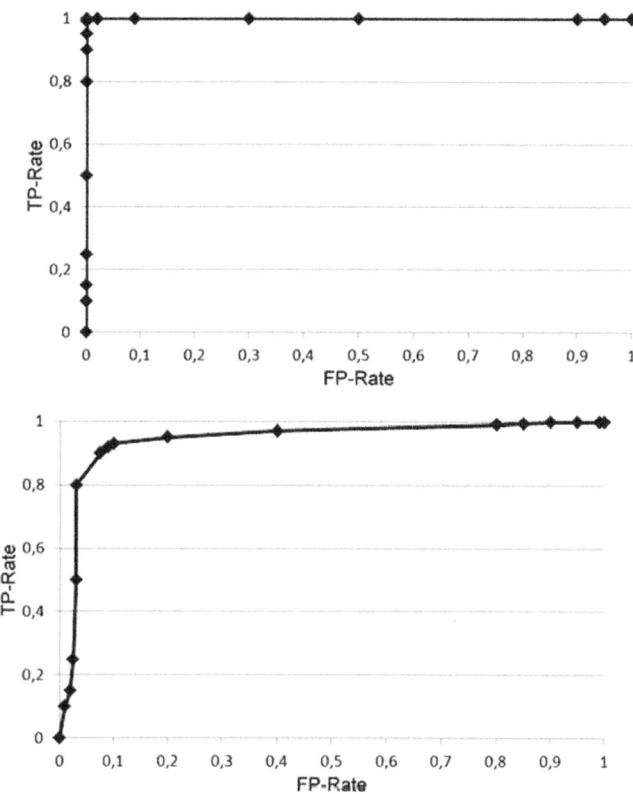

Abbildung 5.15: Ein idealer und ein realer ROC-Graph

In den beiden Graphen sind drei Strategien markiert:
- Keine Übersegmentierung zulässig (gelb): In diesem Fall sollen nur korrekt klassifizierte Bäume erzeugt und kein zusätzlich erkannter Baum toleriert werden. Im unteren Diagramm findet man diese Strategie von rechts kommend als den niedrigsten Wert auf der x-Achse, bevor die Falsch-Positiv-Kurve ansteigt. Im ROC-Graph findet sich diese Strategie als 90°-Tangente wieder. Sobald der Graph hier von der y-Achse abweicht, ist der erste falsch Positive aufgetreten.

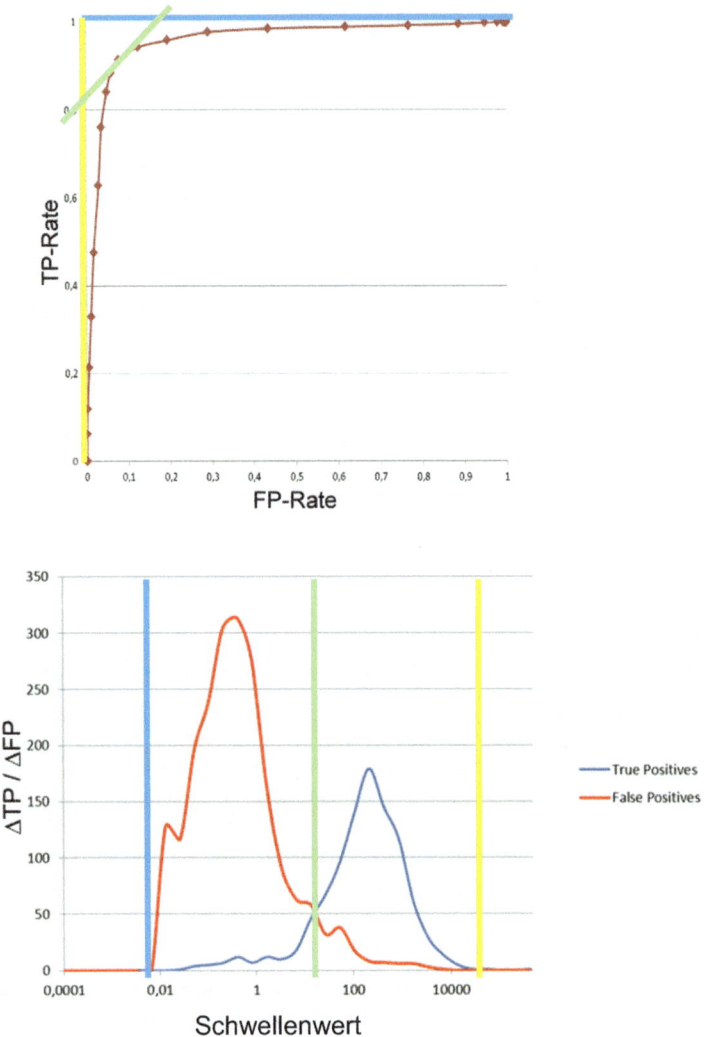

Abbildung 5.16: Selektionsstrategien im ROC-Graph

- Alle Bäume erkannt (blau): In diesem Fall sollen auf jeden Fall alle Bäume erkannt werden, unabhängig davon, wie viele zusätzlich erkannte Bäume sich ergeben. Im ROC-Graph ist dies die 0°-Tangente an den Graphen.

Sobald der Graph das Maximum auf der y-Achse annimmt, sind sämtliche Bäume erkannt. Im unteren Graphen erkennt man diese Stelle als den Punkt, an dem die Richtig-Positiv-Kurve erstmals einen Ausschlag hat.

- Ausgewogene Entscheidung (grün): Hier soll ein Kompromiss zwischen einer Über- und einer Untersegmentierung gefunden werden. Im unteren Graphen ist dies die Stelle, an der sich die Richtig-Positiv- und die Falsch-Positiv-Kurve kreuzen. Für Parameter, die kleiner als der entsprechende Schwellenwert sind, werden mehr zusätzliche falsch Positive als richtig Positive erzeugt – oder mit anderen Worten: Es entstehen mehr fehlsegmentierte zusätzliche Bäume, als dass noch korrekte Bäume zum Segmentierungsergebnis hinzukommen. Diesen Punkt findet man als Berührungspunkt der 45°-Tangente im ROC-Graphen wieder.

Jede dieser Strategien definiert ein objektives Maß, mit dem ein festgelegter Schwellenwert bestimmt werden kann. Bei der Generierung von Landschaftsmodellen bietet es sich an, eine ausgewogene Entscheidung zu treffen. Einerseits möchte man hier nicht zu sehr übersegmentieren, sodass unrealistisch dicht bewaldete Landschaften entstehen, andererseits erzeugt eine deutliche Untersegmentierung eher eine Ansammlung von Einzelbäumen als einen tatsächlichen Wald.

Zur Parametrierung des Volumetrischen Algorithmus wurde daher die oben beschriebene ausgewogene Strategie genutzt. Zunächst wurden Referenzdaten im Testgebiet Schmallenberg erhoben. Dazu wurden in 11 Beständen insgesamt 237 Bäume aufgenommen. Abbildung 5.17 zeigt die Lage der Referenzbestände, Tabelle 5.2 listet die Bestände mit ihren forstlichen Attributen und der Anzahl der aufgenommenen Bäume auf.

Abbildung 5.17: Lage der Referenzbestände in Schmallenberg-Schanze

Tabelle 5.2: Daten der Referenzbestände

Bestand	Oberhöhe	Bestockungsgrad	Alter	Anzahl Bäume
1	21,11	0,75	47	26
2	16,37	0,98	39	16
3	12	0,87	30	14
4	31,8	0,66	91	35
5	19,86	1,02	46	26
6	30,89	0,7	86	19
7	25	0,74	60	26
8	19,19	0,9	45	29
9	16,66	0,88	39	14
10	27,5	0,84	69	21
11	28	0,86	71	13

Die verwendeten Bestände wurden dabei so ausgewählt, dass sie sowohl in der Oberhöhe (12m bis 30,89m), als auch im Alter (30 bis 115 Jahre) und im Bestockungsgrad (0,66 bis 1,02) eine große Spannbreite abbilden. Für jeden Bestand wurde eine Karte aufgenommen, die die tatsächlichen Baumverteilungen am Boden abbildet. Anstelle einer geodätischen Vermessung der Stammpositionen reicht es für diese Anwendung aus, die Positionen grafisch zu erfassen. Bei der Aufnahme der Referenzdaten wurde für diese Arbeit eine georeferenzierte, also mit Koordinaten annotierte, Visualisierung des nDOM genutzt. Darin wurden folgende Informationen eingezeichnet:

- Für jeden Baum wurde an der entsprechenden Stelle ein rotes Pixel eingezeichnet.
- Im nDOM sichtbare Anteile, die nicht zu den aufgenommenen Bäumen gehören, wurden geschwärzt. Dies waren zum Beispiel Äste benachbarter Bäume.
- Alle übrigen Punkte, die zu den aufgenommenen Bäumen gehören, wurden entsprechend dem Grauwert des nDOM belassen.

In erster Linie wurde dieses Vorgehen gewählt, da es auch von einer Person im Gelände effizient ausgeführt werden kann. Es reicht, die nDOM-Grafiken und einen Grafikeditor auf einem wetterfesten Laptop mit in den Bestand zu nehmen und die Aufnahmeergebnisse direkt in diese Grafik einzuzeichnen. Auf diese Weise konnten die elf Bestände an einem Tag aufgenommen werden.

Abbildung 5.18 zeigt ein Beispiel eines nDOM und der daraus abgeleiteten Referenzdaten-Karte. Bei der Ausführung der Einzelbaumerkennung wurde zunächst das nDOM mit dieser Referenzkarte verschnitten. Dazu wurden alle schwarzen Punkte der Karte im nDOM auf die Höhe 0m gesetzt. Auf diesem Höhenmodell wurde die Einzelbaumerkennung mit insgesamt 2000 verschiedenen Schwellenwerten ausgeführt. Die erkannten Bäume wurden jeweils mit der Lage der markierten Punkte verglichen, um die richtig und falsch Positiven zu bestimmen. Für alle Bestände wurde so der ROC-Graph bestimmt.

 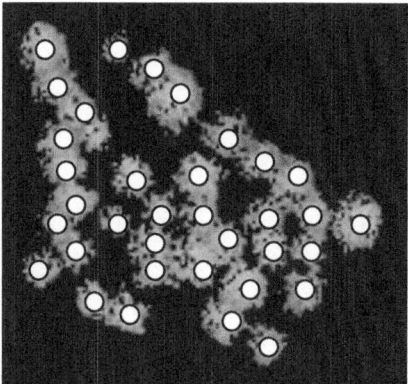

Abbildung 5.18: Entstehung der Referenzdaten-Karte

Abbildung 5.19 zeigt als Beispiel den ROC-Graphen, der sich für den Testbestand 4 ergeben hat. An die Graphen aller Bestände wurde jeweils die 45°-Tangente angelegt, um den Berührungspunkt und damit den optimalen Schwellenwert für diesen Bestand zu ermitteln. Es zeigte sich, dass es für die meisten Bestände verschiedene Schwellenwerte gab, die zu einem gleich guten Segmentierungsergebnis geführt haben. Tabelle 5.3 listet die Schwellenwertbereiche und den Mittelwert der optimalen Schwellenwerte für die elf Bestände auf.

Die ermittelten Schwellenwerte wurden anschließend mit den forstlichen Attributen Oberhöhe und Bestockungsgrad der Testbestände in Relation gesetzt. Abbildung 5.20 zeigt die entsprechenden Graphen. Als Punkt ist jeweils der durchschnittliche Schwellenwert eingetragen, die Balken verdeutlichen den Bereich der Schwellenwerte, in dem sich das Segmentierungsergebnis nicht ändert.

Es zeigte sich eine deutliche Relation zwischen der Oberhöhe und dem Schwellenwert. Hingegen war für den Bestockungsgrad maximal die Tendenz ableitbar, dass der Schwellenwert für niedrigere Bestockungsgrade, also für unterbestockte Bestände, höher ist. Da der Bestockungsgrad allerdings eine sehr unscharfe Größe ist, die in der Forsteinrichtung bei Aufnahme durch verschiedene Forstsachverständige um bis zu 20 Prozent schwanken kann, ist zu vermuten, dass man, um hier eine Abhängigkeit zu erkennen, noch sehr viel mehr Testbestände betrachten müsste.

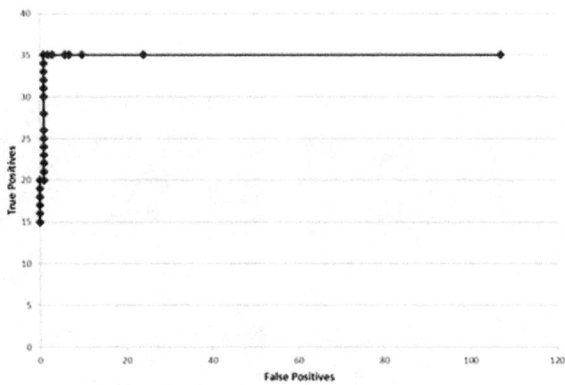

Abbildung 5.19: ROC-Graph für Testbestand 4, basierend auf 2000 Schwellenwerten

Tabelle 5.3: Daten der Referenzbestände

Bestand	Oberhöhe	Bestockungsgrad	Schwellenwertbereich	Mittelwert
1	21,11	0,75	[0,2;1,0]	0,6
2	16,37	0,98	[0,2;1,0]	0,6
3	12	0,87	[0,0;0,0]	0
4	31,8	0,66	[9,2;30,0]	19,6
5	19,86	1,02	[0,2;1,0]	0,6
6	30,89	0,7	[4,2;18,0]	11,1
7	25	0,74	[2,2;4,0]	3,1
8	19,19	0,9	[0,2;1,0]	0,6
9	16,66	0,88	[0,2;1,0]	0,6
10	27,5	0,84	[5,2;23,0]	14,1
11	28	0,86	[1,2;11,0]	6,1

Es hat sich auch gezeigt, dass die Abhängigkeit zwischen Bestandesalter und Schwellenwert ähnlich gut ist, wie die zwischen Oberhöhe und Schwellenwert. Da die Oberhöhe leichter aus Fernerkundungsdaten ableitbar ist, wurde dieser Wert gewählt und die Relation zwischen Oberhöhe und Schwellenwert als Heuristik in den Volumetrischen Algorithmus implementiert. Im Kapitel 7 wird das so entstandene vollautomatische Verfahren mit dem interaktiv parametrierten Volumetrischen Algorithmus verglichen.

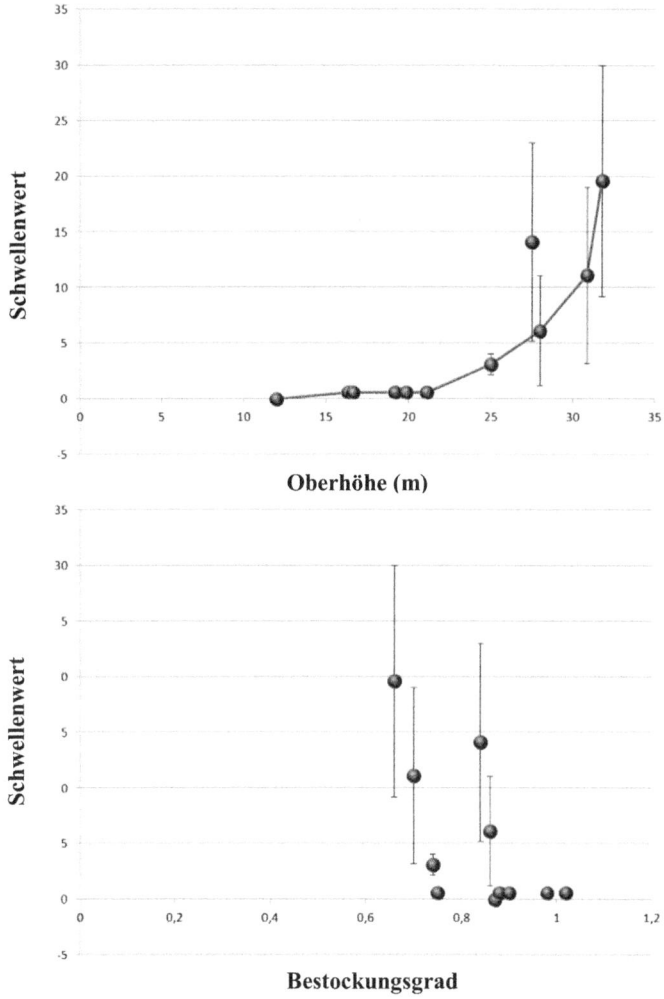

Abbildung 5.20: Relation zwischen Schwellenwerten und Oberhöhe (oben), beziehungsweise Schwellenwerten und Bestockungsgrad (unten)

Auch der Wasserscheiden-Algorithmus ließe sich mithilfe der Receiver-Operator-Charakteristik parametrieren, da sich bei diesem Verfahren die Segmentierungsergebnisse auch monoton mit dem eingestellten Schwellenwert ändern. Beim informierten Ansatz ist dies nicht der Fall. Hierdurch kann es vorkommen, dass der ROC-Graph nicht mehr monoton ist und keine objektive Entscheidung mehr getroffen werden kann. Aus diesem Grund wurde nur für den Volumetrischen Algorithmus eine Heuristik basierend auf der Receiver-Operator-Characteristik implementiert.

5.6 Einzelbaumattribuierung

Mithilfe der vorgestellten Einzelbaumerkennungsansätze konnten die Positionen und Baumhöhen der im Bestand vorkommenden Einzelbäume ermittelt werden. Die Baumartenkarte konnte zudem genutzt werden, um die Baumart des erkannten Baumes festzulegen. Diese Information reicht bereits aus, um ein für viele Anwendungen ausreichendes Waldmodell zu erstellen, welches sich weiter präzisieren lässt, indem die Bäume mit weiteren Attributen versehen werden und dadurch individueller darstellbar sind. In diesem Kapitel wird eine Attribuierung beispielhaft für die Baumart Fichte beschrieben. Genauere Zusammenhänge, auch für weitere Baumarten, werden in weitergehenden Arbeiten des Instituts für Waldwachstumskunde der TU München im Rahmen des Forschungsprojektes Virtueller Wald III hergeleitet.

Direkt aus den Fernerkundungsdaten ist neben der Baumhöhe das Attribut der Kronenschirmfläche ableitbar. Dieser Wert bezeichnet die von der Baumkrone überschirmte Fläche, welche von der Kronenoberfläche zu unterscheiden ist. Bei der Betrachtung von Beständen in Fernerkundungsdaten wird abweichend von der allgemeinen Definition häufig nur der aus der Luft sichtbare Anteil dieser Fläche als Kronenschirmfläche A bezeichnet.

Viele Veröffentlichungen wie die von Hyyppä und Inkinnen [Hyyppä, Inkinnen, 1999] leiten aus dieser Schirmfläche den durchschnittlichen Kronendurchmesser L über

$$L = \sqrt{\frac{4A}{\pi}} \qquad (5.17)$$

ab. Für die nachfolgenden Berechnungen weiterer Attribute soll jedoch nur die Kronenschirmfläche A genutzt werden, um nicht zu suggerieren, dass die Krone eine runde Form aufweisen muss.

Weitere für die Visualisierung interessante Attribute des Einzelbaums sind die Kronenansatzhöhe, also diejenige Höhe, in der der Stamm in die Krone übergeht, und der Stammdurchmesser, welcher üblicherweise auf 1,30m Höhe als Brusthöhendurchmesser (BHD) angegeben wird.

Bereits in der Übersicht zum Stand der Technik sind einige Attribuierungsansätze beschrieben (Kapitel 2.6). So ist dort beispielsweise bereits eine Herleitung der Kronenansatzhöhe angegeben und auch für den BHD sind von Hyyppä und Inkinnen sowie von Tremer, Fuchs und Kleinn Zusammenhänge angegeben.

Der Ansatz von Tremer, Fuchs und Kleinn zur Bestimmung des Brusthöhendurchmessers basiert rein auf der Baumhöhe, wohingegen Hyyppä und Inkinnen zusätzlich den Kronendurchmesser betrachten. Die Angaben in den Hilfstafeln der Forsteinrichtung [Spelsberg, 2009] legen nahe, dass eine Ableitung des BHD rein aus der Höhe eine Vereinfachung darstellt. In den Hilfstafeln werden Bestände mit den Eigenschaften

- Oberhöhe: die durchschnittliche Höhe der 100 stärksten Bäume im Bestand
- Mittelhöhe: die durchschnittliche Höhe derjenigen Bäume, die eine für den Bestand typische Querschnittsfläche auf Höhe des Brusthöhendurchmessers aufweisen
- Kreisfläche je Hektar: die durchschnittliche Summe der Querschnittsflächen (auf Höhe des Brusthöhendurchmessers) aller Bäume des Bestandes
- Stammzahl: die durchschnittliche Anzahl von Bäumen je Hektar Bestandesfläche
- Vorrat: die Menge an Holz in Kubikmetern je Hektar Bestandesfläche
- Mittlerer Durchmesser: der durchschnittliche Brusthöhendurchmesser im Bestand
- Zuwachs: die typische Veränderung des Vorrats in einem festen Zeitraum

beschrieben. Diese Angaben basieren auf einer großen Menge an Daten, die in Versuchsflächen auf Einzelbaumebene erhoben wurden. Für die Fichte setzt Spelsberg Tabellen von Wiedemann ein, die auf das Jahr 1936 beziehungsweise 1942 zurückgehen. Die Hilfstafeln beschreiben, dass Fichtenbestände abhängig von den Standortverhältnissen verschieden schnell in Höhe und Brusthöhendurchmesser wachsen. Jedoch wird der gleiche Brusthöhendurchmesser standortabhängig bei verschiedenen Höhen erreicht. Abhängig von der Streuung der Standortqualitäten kann daher eine Beschreibung des Stammdurchmessers anhand der Baumhöhe ausreichend sein, im allgemeineren Fall müssten aber weitere Attribute wie der Kronendurchmesser bei Hyyppä und Inkinnen hinzugezogen werden.

Hyyppä und Inkinnen geben keine Parametrierung für ihre Formel an, sodass im Rahmen dieser Arbeit ein neuer Zusammenhang für den Brusthöhendurchmesser parametriert wurde. Dazu wurden aus den Datenbanken der

Landeswaldinventur und der Wiederholungsaufnahmen im Testgebiet Hoppengarten im Rahmen des Projektes Virtueller Wald III sämtliche 94.901 Fichten abgerufen. Unter diesen Bäumen wurden diejenigen ausgewählt,
- bei denen die Baumhöhe tatsächlich gemessen wurde,
- bei denen der Stammdurchmesser auf 1,30m Höhe bestimmt wurde (und nicht auf einer abweichenden Messhöhe, beispielsweise aufgrund einer Astgabelung auf der Höhe von 1,30m)
- und deren Angaben zu Höhe und BHD vollständig waren.

Die verbliebenen Bäume wurden über ihre Position mit der bestandesweisen Forsteinrichtungsdatenbank verschnitten. Diese Forsteinrichtungsdaten liegen für sämtliche Bestände des Staatswalds in Nordrhein-Westfalen vor. Eigenschaften der vorkommenden Bäume werden in sogenannten Baumartenzeilen beschrieben, wobei jede dieser Zeilen Informationen zu den Bäumen einer Baumart in einem bestimmten Alter enthält. Ein Bestand kann durch mehrere Zeilen verschiedener Baumarten (Mischbestand) oder auch einer einzelnen Baumart (zum Beispiel mehrschichtiger Bestand) beschrieben werden. Eines der Attribute der Baumartenzeile ist die Ertragsklasse, ein Maß für die Standortgüte.

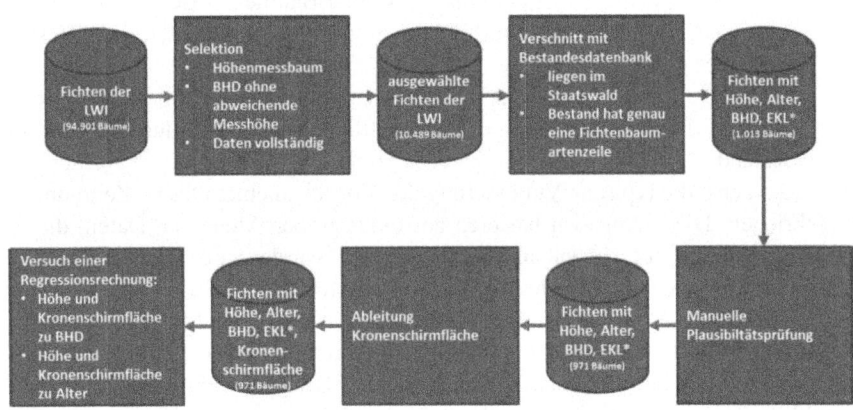

Abbildung 5.21: Vorgehen zur Ableitung von Zusammenhängen von BHD und Alter aus den Attributen Höhe und Kronendurchmesser

Im Rahmen dieser Untersuchung wurden nur diejenigen Bäume berücksichtigt, die in einem Bestand mit nur einer Baumartenzeile der Baumart Fichte stehen. Hierdurch sollte ausgeschlossen werden, dass ein Baum der falschen Schicht zugeordnet wird und damit mit falschen Attributen in die Berechnung eingeht. Unter den verbliebenen Bäumen wurden schließlich noch diejenigen aussortiert, deren Daten grob unplausibel waren. So waren im Datensatz beispielsweise Fichten mit der Baumhöhe von 2m beschrieben, die jedoch einen Brusthöhendurchmesser von mehr als 40cm aufwiesen. Es blieben 971 Bäume übrig.

Über die Güte des Standortes wurde auf die Kronenschirmfläche des einzelnen Baumes geschlossen. Hierzu wurde angenommen, dass die gesamte überschirmte Fläche eines Bestandes sich proportional zur jeweiligen Kreisfläche, also der Stammquerschnittsfläche auf Höhe 1,30m, verteilt. Diese Annahme ist motiviert durch den von Spelsberg im Rahmen des Projektes Virtueller Wald II aufgestellten Zusammenhang zwischen überschirmter Fläche und dem Bestockungsgrad des Bestandes. Letzterer beschreibt, wie dicht die Bäume im Bestand stehen, und wird als Verhältnis der Summe der im Bestand vorkommenden Kreisflächen (Bestandes-Kreisfläche) zu einer in den Hilfstafeln festgelegten normalen Bestandes-Kreisfläche angegeben. Die Angabe in der Hilfstafel ist dabei abhängig von Alter und Ertragsklasse. Spelsberg gibt für die Baumart Fichte folgende Beziehung zwischen Bestockungsgrad BG und überschirmter Fläche an:

$$BG = Anteil_{überschirmte\ Fläche} + 0{,}1 \qquad (5.18)$$

Mit diesem Zusammenhang wurde die gesamte überschirmte Fläche des Bestandes bestimmt. Anschließend wurde über die Hilfstafel die normale Bestandeskreisfläche bestimmt. Für jeden Baum kann nun die einzelne Kreisfläche als Anteil der Bestandeskreisfläche gesehen werden. Entsprechend dieses Anteils wurde auch die Kronenschirmfläche A des einzelnen Baumes als Anteil an der gesamten überschirmten Fläche ermittelt.

Abbildung 5.21 zeigt den Ablauf der Selektion und Attribuierung der Referenzbäume aus der Landeswaldinventur. Als letzter Schritt in der Berechnung wurden die Daten der Referenzbäume in die Software Datafit übernommen, um einen Zusammenhang zwischen den luftsichtbaren Attributen Höhe h und Kronenschirmfläche A und den weiteren Attributen Brusthöhendurchmesser BHD und Alter zu untersuchen. Die hier ermittelten Korrelationen, sowie die entstandenen Graphen zu Funktionsverlauf und Abweichungen sind in Anhang B aufgeführt.

Es ergab sich folgender Zusammenhang:

$$\begin{aligned}BHD = {} & a + b*h + c*A + d*h^2 + e*A^2 + f*h*A + g*h^3 \\ & + h*A^3 + i*h*A^2 + j*h^2*A\end{aligned} \qquad (5.19)$$

Die Werte h und BHD sind hierbei in Metern angegeben, der Wert A in Quadratmetern. Diese Formel weist gegenüber den Referenzdaten eine Standardabweichung von 3,26cm auf.

Tabelle 5.4: Werte der Konstanten in Formel 5.19

Parameter	Wert
a	0,134758834716376
b	-6,38872262480706*10^{-3}
c	5,37391200303616*10^{-3}
d	4,10037527413944*10^{-4}
e	-3,26290891771389*10^{-4}
f	6,43778614242134*10^{-4}
g	-7,6951423469473*10^{-6}
h	1,48843462166253*10^{-6}
i	1,38137983019296*10^{-6}
j	-6,28555527339635*10^{-6}

Weiterhin wurde versucht, eine Abhängigkeit zum Alter herzuleiten. Hier ergab sich folgendes Modell:

$$Alter = a * h^b * A^c \qquad (5.20)$$

Tabelle 5.5: Werte der Konstanten in Formel 5.20

Parameter	Wert
a	0,727527302198048
b	1,40744482443879
c	0,997679428383163

Die Standardabweichung betrug hier jedoch 15,2 Jahre. In nachfolgenden Arbeiten soll versucht werden, die Ertragsklasse eines Bestandes anhand von Klima- und Standortdaten wie Boden, Höhe über N.N., jährlicher Niederschlag und Sonnenscheindauer zu parametrieren. Über die Ertragsklasse und eine Bestandeshöhe könnte dann auf das Alter geschlossen werden. Dies ist wahrscheinlich der Erfolg versprechendere Weg, um das Alter zu schätzen.

In Kapitel 7.2 wird geprüft, wie gut die hier angegebenen Attribuierungen Bäume außerhalb der zur Parametrierung verwendeten Menge beschreiben.

6 Visualisierung

Die im letzten Kapitel berechneten Einzelbaumdaten werden nach der Segmentierung in eine Datenbank geschrieben und stehen anschließend für diverse Anwendungen zur Verfügung. In diesem Kapitel soll zunächst eine Auswahl möglicher Visualisierungen vorgestellt werden, die die Bandbreite der möglichen Anwendungen zeigt.

Abhängig vom Anwendungsgebiet, den Anforderungen und der zur Verfügung stehenden Plattform bieten sich verschiedene Abstrahierungsgrade bei der Visualisierung der Einzelbaumdaten an. Grundlage aller angeführten Visualisierungen ist ein texturiertes Bodenmodell, das entweder als 2D-Fläche (Abschnitt 6.1) oder als 3D-Modell mit realistischen Erhebungen zum Einsatz kommt. Das 3D-Modell kann dabei aus dem Bodenmodell einer Laserbefliegung (FDGM-Daten) automatisiert berechnet werden. Als Textur können kontextabhängig verschiedene Fernerkundungsdaten wie zum Beispiel Luftbilder und Visualisierungen von Differenzmodellen zum Einsatz kommen. Eine Alternative sind künstliche Endlostexturen, die zur abgebildeten Situation passen (Abbildung 6.7).

6.1 2D-Ansicht von oben

Eine reine 2D-Visualisierung der segmentierten Bäume in einer Aufsicht ist eine sehr einfache und in den meisten VR-Umgebungen nicht gebräuchliche Darstellungsweise für die dreidimensionalen Einzelbauminformationen. Dennoch ist gerade diese kartenartige Visualisierungsart beispielsweise bei einer interaktiven Segmentierung von Vorteil, da man die erkannten Bäume sehr gut mit einem vorhandenen Luftbild oder einer Visualisierung des Differenzmodells, bei der die Höhen als Graustufen eingetragen sind, in Einklang bringen kann und bereits auf den ersten Blick abschätzen kann, wie zutreffend das Ergebnis ist. Weitere Anwendungen für diese Sicht sind Kartendarstellungen, wie zum Beispiel in einem Harvester-Navigationssystem.

6.2 3D-Ansicht als Säulen

Eine sehr abstrakte Sicht auf den Wald ergibt sich durch die Verwendung von dreidimensionalen Säulen für die Einzelbäume, durch deren Farbe die jeweilige Baumart dargestellt wird. Diese Ansicht eignet sich besonders für analytische Zwecke, wie beispielsweise den visuellen Vergleich zwischen Höhendaten von segmentierten und terrestrisch aufgenommenen Einzelbaumdaten. Diese Visualisierung zeichnet sich besonders dadurch aus, dass man auch in einer schrägen oder seitlichen Ansicht einen guten Überblick über den Wald behält, da der Blick nicht durch die Belaubung der Bäume gestört wird. Beim Überblick über den Wald können auch Baumartenverteilungen und Höhenstrukturen intuitiv erfasst werden. Diese Sichtweise ist insbesondere für analytische Tätigkeiten geeignet, da sie eine abstrakte Betrachtung des Waldes unterstützt.

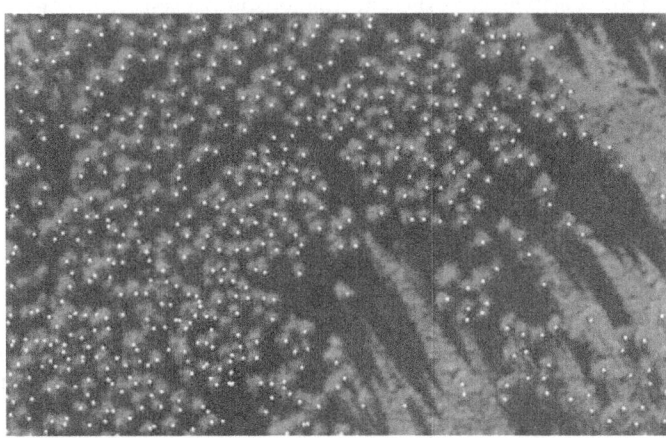

Abbildung 6.1: 2D-Visualisierung der Segmentierungsergebnisse vor dem Luftbild der Bestandeseinheit

Abbildung 6.2: 3D-Visualisierung der Segmentierungsergebnisse als Säulen

6.3 Visualisierung als (ausgerichtete) Textur

Zu Zeiten von Grafikkarten, die noch nicht die heutige Rechenleistung liefern konnten, war es erforderlich, mit möglichst wenigen Polygonen einen realistischen Eindruck der Landschaft zu erzielen. Hierzu können die Einzelbäume jeweils durch ein so genanntes „Billboard", eine zum Benutzer ausgerichtete Textur, die die jeweilige Baumart visualisiert, dargestellt werden. Bei dieser Darstellung genügen vier Eckpunkte, um einen Baum darzustellen. Die Größe der Fläche wird mit der Baumgröße skaliert, als Textur dient eine grafische oder fotografische Darstellung des Baumes in Seitenansicht. Das Verfahren erzeugt bereits einen realitätsnahen Eindruck des Waldes.

Auch mit modernen Grafikkarten kommt dieses Verfahren im Rahmen einer Level-of-Detail-Implemetierung, also der entfernungsabhängigen Reduzierung der dargestellten Details, noch zum Einsatz. Hier werden jedoch nur die weiter vom Betrachter entfernt stehenden Bäume durch Billboards visualisiert, während die Bäume im Vordergrund durch komplexere Modelle dargestellt werden, um beispielsweise auch Bewegungen der Zweige und Blätter visualisieren zu können. Die Billboards im Hintergrund werden hier mit einer festen Textur visualisiert, bleiben also statisch.

Eine andere Variante der Visualisierung von Bäumen über Texturen ist die Nutzung von Kreuztexturen. Hierbei wird nicht eine, stets zum Betrachter ausgerichtete Fläche genutzt, sondern mehrere, sich kreuzende Flächen. Im einfachsten Fall (zwei sich kreuzende Flächen), werden vier Texturen zur Darstellung der beiden Vorder- und der beiden Rückseiten benötigt. Die Anzahl der Eckpunkte erhöht sich hierbei um den Faktor vier, jedoch können die einzelnen Knoten stets unverändert an der gleichen Position bleiben, da die Flächen nicht ausgerichtet werden müssen. Bei diesem Verfahren wirkt der Baum blickwinkelabhängig verschieden, der Eindruck ist insbesondere dann realistischer, wenn man sich am Baum vorbeibewegt. Auch wenn mehrere verschiedene Ansichten einer Szenerie synchron gerendert werden (beispielsweise in einer Mehrfachprojektion), bietet dieses Verfahren Vorteile, da auch an den Übergängen zwischen den Bildschirmen die Bäume gleichbleibend wirken und nicht durch eine geknickte Fläche dargestellt werden. Auch mit modernen Grafikkarten kommt dieses Verfahren immer noch vereinzelt zum Einsatz. Abbildung 6.3 links zeigt ein Anwendungsbeispiel von Kreuztexturen.

Bei der Darstellung durch Texturen oder durch Kreuztexturen gibt es jedoch Richtungen, aus denen der Wald nicht realistisch wirkt. Abbildung 6.3 rechts zeigt die Vogelperspektive als Beispiel. Um diese störenden Effekte zu minimieren, können weitere Texturebenen eingefügt werden, die weitere Ansichten des Baumes in das Modell bringen.

Abbildung 6.3: Visualisierung von Bäumen als gekreuzte statische Texturen in einem Harvestersimulator. Ansicht des Fahrers und Vogelperspektive.

6.4 3D-Ansicht mit realitätsnahen Baummodellen

Insbesondere die Anforderungen der umsatzstarken Spieleindustrie haben die Entwicklung der 3D-Fähigkeiten aktueller Grafikkarten forciert. So hat sich die Texturfüllrate beispielsweise von 480 Millionen Pixeln pro Sekunde bei der NVidia Geforce 256 im Jahr 1999 bis hin zu 234 Milliarden Pixeln pro Sekunde bei einer Geforce GTX 690 im Jahre 2012 entwickelt [NVidia Geforce 256 und NVidia Geforce GTX 690]. Gleichzeitig erhöhte sich die Anzahl der berechenbaren Polygone von 15 Millionen Dreiecken pro Sekunde auf 7,32 Milliarden Dreiecke pro Sekunde [NVidia Geforce 256 und Wikipedia NVidia Geforce 600 Series]. Die aktuelle Grafikkartengeneration erzielt also mit 3072 parallel arbeitenden Kernen eine ca. 500fach höhere Leistung als die Karten vor 13 Jahren. Gleichzeitig wurden zusätzliche Möglichkeiten in den Kernen realisiert, sodass aktuelle Grafikkarten beispielsweise durch Berechnungen mit Shadern Geometrien und Texturen im Rechenzyklus modifizieren können.

Insbesondere durch diese Technologien und die schneller gewordene Hardware ist es auf modernen Systemen möglich, selbst große Wälder realitätsnah darzustellen. Die einzelnen Bäume im Sichtbereich des Betrachters werden dabei als ausmodellierte 3D-Modelle dargestellt, bei denen lediglich die kleineren Äste mit den daran hängenden Blättern beziehungsweise Nadeln als Billboard-Textur angezeigt werden. Für weiter entfernt liegende Bäume wird zunächst die Komplexität des 3D-Modells reduziert und schließlich auf eine Darstellung als zum Betrachter ausgerichtete Textur umgeschaltet.

Die einzelnen ausmodellierten Äste sowie die Texturen können bei dieser Technik gegeneinander bewegt werden, wodurch sich beispielsweise Bewegungen im Wind visualisieren lassen. Aktuelle Implementierungen schaffen mit diesem Verfahren die Visualisierung von bis zu 1 Million Bäumen als flüssige Darstellung.

Abbildung 6.4: Visualisierung der Segmentierungsergebnisse mit Hilfe von 3D-Modellen

6.5 Schatten und Bodenbewuchs

Ein noch realitätsnäheres Bild des Waldes ergibt sich, wenn der Schattenwurf der Bäume und der Bewuchs des Bodens berücksichtigt werden.

Bereits ein statischer Schattenwurf auf dem Boden macht das Bild deutlich realistischer. Eine entsprechende Schattenkarte lässt sich erzeugen, indem man für jedes vorkommende Modell eines Baumes zunächst eine Silhouette erzeugt, die dem Schattenwurf entspricht. In einem weiteren Schritt wird die Silhouette eines jeden Baumes an der Position seines Stammes in eine Karte eingetragen, wobei eventuell bereits vorhandene dunklere Schattenbereiche nicht überschrieben werden. (Abbildung 6.5) zeigt eine auf diese Art generierte Karte. Diese Karte kann als Transparenzkarte (Alphamap) für eine schwarze Textur verwendet werden, die über den bestehenden Boden gerendert wird, wodurch sich ein schattenähnlicher Eindruck ergibt.

Dynamische Schatten, die auch die Bewegung der einzelnen Äste berücksichtigen und auch einen Schattenwurf auf andere Bäume zulassen, lassen sich über die Shader der Grafikkarte realisieren. Mit dieser Schattenart und weiteren Details wie Gräsern und Büschen, die abhängig von der Lage auf dem Boden verteilt werden, ergeben sich realistisch anmutende Szenen wie die in Abbildung 6.6 dargestellte Situation.

Die im Rahmen dieser Arbeit verwendete Umgebung VEROSIM® stellt in der aktuellen Version bereits eine entsprechende Umsetzung zur Verfügung und ermöglicht mit HDR-Rendering und weiteren Effekten eine äußerst realitätsnahe Darstellung auch großer Waldbereiche. Auch die anderen beschriebenen Visualisierungsarten ließen sich mit den in VEROSIM® bereits vorhandenen Möglichkeiten umsetzen.

Abbildung 6.5: Schattenkarte zu einem Waldausschnitt (Sonnenschein aus Richtung Süden)

Abbildung 6.6: Eine detaillierte Ansicht eines Waldes mit Schattendarstellung und Bodenbewuchs

7 Diskussion

In diesem Kapitel sollen die vorgestellten Algorithmen evaluiert werden. Die Evaluierung gliedert sich dabei in mehrere Schritte. Zunächst soll die Anzahl der erkannten Bäume gegenübergestellt werden, anschließend wird die Qualität der Attribuierung geprüft, bevor die Qualität der eingesetzten Fernerkundungsdaten (Bilddaten und Ergebnisse des Laserscannings) untersucht werden.

7.1 Quantitative Auswertung der Segmentierungsergebnisse

Zunächst soll die Anzahl der erkannten Bäume beurteilt werden. Im Rahmen des Projektes Virtueller Wald II wurde durch die Universität Göttingen zeitnah nach der Befliegung im Testgebiet Schmallenberg eine terrestrische Vollaufnahme auf ca. 3,8 ha Fichtenfläche im Staatswald in Schanze durchgeführt. Hierbei wurden Totalstationen genutzt, deren Positionen eingemessen wurden, und von denen aus die einzelnen Bäume angesprochen und mit ihrer Geokoordinate aufgenommen wurden.

Die Daten dieser Aufnahme wurden im Rahmen dieser Arbeit zunächst durch Vergleich mit Luftbildern und Laserscannerdaten und anschließend durch gezielten Geländebegang verifiziert. Die Abweichungen im Vergleich zu den Luftbildern können dabei in vier Klassen unterteilt werden:

- In einigen Fällen waren die Kronen von zwei Bäumen ineinander gewachsen oder die Krone eines Baumes war erheblich tiefer als die des anderen, sodass sie nicht mehr luftsichtbar war. In diesem Fall wurden beide terrestrisch erhobenen Bäume als korrekt eingestuft.
- Einzelne Bäume wurden zusätzlich aufgenommen. Innerhalb einer luftsichtbaren Krone lagen sehr dicht beieinander zwei terrestrisch eingemessene Baumpositionen, wobei die Durchmesser der beiden Bäume zum Teil größer waren als die Positionsdifferenz. Dies hätte bei einem Baum mit einer sehr tief liegenden Gabelung, einem sogenannten Zwiesel, korrekt sein können, stellte sich im Ortsbegang aber in den meisten Fällen als doppelte Aufnahme des gleichen Baumes heraus. In diesem Fall wurde lediglich ein Baum als korrekt übernommen, der andere wurde als fehlerhaft zu viel aufgenommen klassifiziert.
- Es kamen luftsichtbare Kronen vor, in denen kein Baum der terrestrischen Aufnahme lag. Hier war offensichtlich ein Baum bei der Aufnahme übersehen worden. Entsprechend wurde hier im Referenzdatensatz ein Baum angelegt.

- Als letzten Fehlerfall gab es Gruppen von Bäumen, die inmitten einer in den Fernerkundungsdaten klar erkennbaren Blöße lagen. Gleichzeitig waren Bäume in ungefähr der gleichen Anordnung am Rande der Blöße nicht aufgenommen. Im Ortsbegang bestätigte sich das Bild der Fernerkundungsdaten. Da dieses Problem nur in einem beschränkten Bereich des aufgenommenen Gebietes auftrat, ist es vermutlich zu einer Messabweichung in der Position der zur Aufnahme verwendeten Totalstation gekommen. Die aufgenommenen Bäume wurden als fehlerhaft markiert, gleichzeitig wurde an den Positionen der nicht berücksichtigten Kronen Bäume angelegt. In Abbildung 7.1 ist ein entsprechender Kartenausschnitt zu sehen. Die terrestrisch erhobenen Bäume sind rot markiert, während die vom Algorithmus aus den Fernerkundungsdaten segmentierten Stämme blau eingefärbt sind. In Grau unterlegt ist eine Höhendarstellung des nDOM zu sehen.

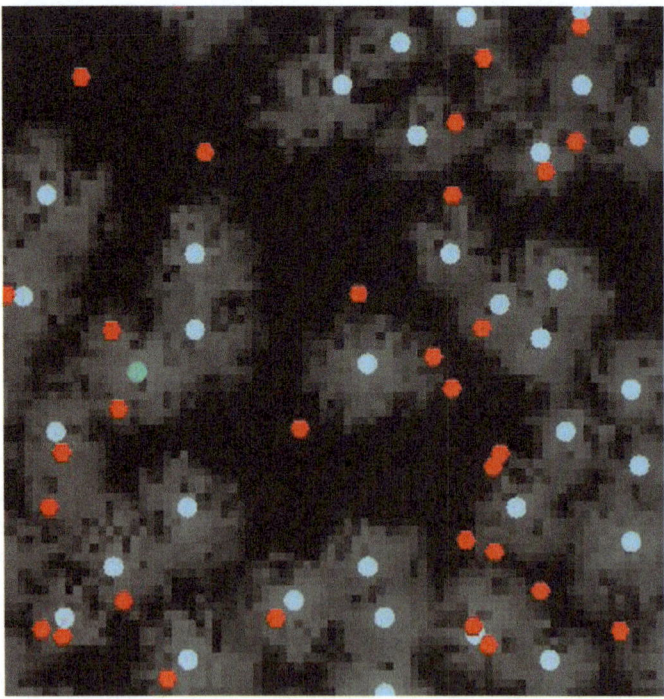

Abbildung 7.1: Lageabweichung von Bäumen der terrestrischen Vollaufnahme (rot) gegenüber dem nDOM der Laserscannerbefliegung und den segmentierten Bäumen (blau)

Nach dem Geländebegang entstand eine Referenz, die zum Vergleich der Segmentierungsergebnisse herangezogen wurde (Tabelle 7.1). Für den Vergleich wurde die Gesamtfläche in 14 Teilbestände untergliedert. Auch das Ergebnis der terrestrischen Inventur wurde in den Vergleich aufgenommen. Mit einer Erkennungsrate von 92,6 Prozent ist die terrestrische Aufnahme nach Expertenmeinung als sehr gut einzustufen. Es fällt auf, dass die Ergebnisse in fast allen Teilbeständen noch deutlich besser sind, lediglich in Teilbestand 9 fällt eine erhebliche Abweichung nach unten auf. Dies war der Bereich, in dem in erheblichem Maße eine Verschiebung der terrestrisch aufgenommenen Bäume aufgetreten ist.

Tabelle 7.1: Erkennungsergebnisse der verschiedenen Algorithmen auf den 14 Teilflächen in BE 121B1 in Schmallenberg-Schanze

Teilbestand	Anzahl an Bäumen	Ergebnis terrestrische Aufnahme	Wasserscheiden-Algorithmus auf LIDAR nDOM	Volumetrischer Algorithmus auf LIDAR nDOM	Informierter Algorithmus auf LIDAR nDOM	Volumetrischer Algorithmus auf LIDAR nDOM, ROC-Heuristik	Wasserscheiden-Algorithmus auf photogrammetr. nDOM	Volumetrischer Algorithmus auf photogrammetr. nDOM	Informierter Algorithmus auf photogrammetr. nDOM	Informierter Algorithmus auf Luftbildern
1	16	16	14	16	14	15	7	11	11	12
2	124	122	106	115	107	113	53	76	77	98
3	122	116	102	110	102	109	54	72	79	98
4	56	50	49	53	50	52	12	36	36	48
5	78	75	70	75	72	75	38	50	56	66
6	147	143	125	132	123	130	61	84	90	114
7	102	97	88	93	86	93	45	62	67	85
8	126	123	113	121	113	116	61	80	81	100
9	139	95	121	132	126	131	68	91	87	113
10	49	47	46	47	48	47	28	34	40	12
11	105	101	87	92	86	91	46	56	62	78
12	78	69	60	70	63	69	34	44	44	59
13	53	50	43	48	44	45	20	26	30	42
14	71	68	58	63	53	63	31	35	48	59
Σ	1266	1172	1082	1167	1087	1149	558	757	808	984
erkannt		92,6 %	85,5 %	92,2 %	85,9 %	90,8 %	44,1 %	59,8 %	63,8 %	77,7 %
zusätzl.			62	22	33	25	30	23	79	148	227

Für die Evaluierung der drei Algorithmen „Wasserscheiden-Algorithmus", „Volumetrischer Algorithmus" und „Informierter Algorithmus" wurden verschiedene Datensätze als Berechnungsgrundlage genutzt (Abbildung 7.2). Zunächst wurden sämtliche Algorithmen auf das nDOM der Laserscannerbefliegung angewendet. Die erforderlichen Schwellenwerte wurden von einem Benutzer so eingestellt, dass die Segmentierungsergebnisse zu den Luftbildern und Laserscannerdaten optisch zu passen schienen. Hier ergaben sich Erkennungsraten zwischen 85,5 und 92,2 Prozent, womit die Erkennungsrate des Volumetrischen Algorithmus auf diesem Datensatz nur geringfügig unter dem Ergebnis der terrestrischen Aufnahme liegt. Auf diesem Datensatz wurde auch die Erkennungsrate für die vollautomatische Einzelbaumerkennung mit dem Volumetrischen Algorithmus durchgeführt. Der Schwellenwert wurde hier über die mithilfe der Receiver-Operator-Charakteristik bestimmte Heuristik ermittelt. Das Ergebnis der vollautomatischen Segmentierung weicht lediglich um 1,4 Prozent vom Ergebnis des manuell parametrierten Durchlaufs ab. Mit 90,8 Prozent ist es immer noch sehr hoch.

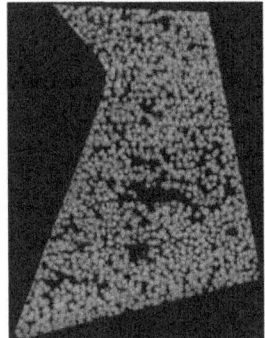 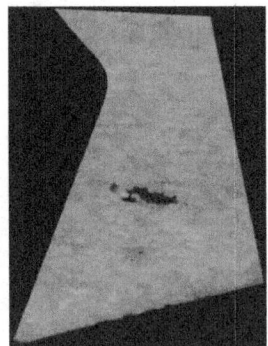 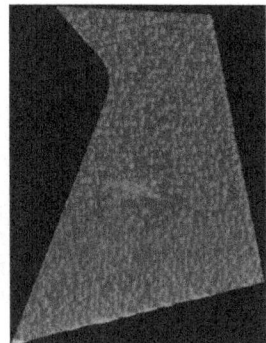

Abbildung 7.2: Die drei als Berechnungsgrundlage verwendeten Datensätze – links das LIDAR nDOM in Höhenschattierung, in der Mitte das fotogrammetrische nDOM in Höhenschattierung und rechts das Luftbild in Graustufen

Im nächsten Schritt wurde anstelle des normalisierten Oberflächenmodells des Laserscanners ein Oberflächenmodell verwendet, das mithilfe einer fotogrammetrischen Auswertung der Luftbilder mit dem Verfahren von Hirschmüller [Hirschmüller, 2008] erstellt und mit dem Geländemodell des Laserscanner-Datensatzes normalisiert wurde. Die Erkennungsraten sind mit 44,1 bis 63,8 Prozent signifikant schlechter als bei Verwendung des LIDAR nDOMs. Gleichzeitig fallen deutlich höhere Zahlen bei den zu viel erkannten Bäumen auf. Die

Ursache für die schlechtere Erkennungsleistung liegt in einer schlechteren Trennbarkeit der einzelnen Kronen im Oberflächenmodell. Die Gründe hierfür werden zum Abschluss des Kapitels evaluiert.

Als letzter Datensatz wurde ein Luftbild als Berechnungsgrundlage gewählt. Untersuchungen an der Dauerbeobachtungsfläche im Testgebiet „Glindfeld" hatten gezeigt, dass die Erkennungsergebnisse auf den True-Ortho-Bildern mit einer Erkennungsrate von 95 Prozent erheblich über den Ergebnissen auf dem dort zur Verfügung stehenden, mit einem Punkt je Quadratmeter niedrig aufgelösten nDOM liegen (Abbildung 7.3) [Roßmann, Bücken, 2008]. Auf diesem niedrig aufgelösten Lasermodell war lediglich eine Erkennungsrate von ca. 60 Prozent erzielt worden. Bei den 14 Teilbeständen in Schmallenberg-Schanze war es hingegen weder mit dem Wasserscheiden-Algorithmus noch mit dem Volumetrischen Algorithmus möglich, ein sinnvolles Ergebnis auf den Luftbildern zu erzielen. Mit dem Informierten Algorithmus konnten hier 77,7 Prozent der Bäume erkannt werden, jedoch auf Kosten einer sehr hohen Anzahl von zusätzlich segmentierten Bäumen.

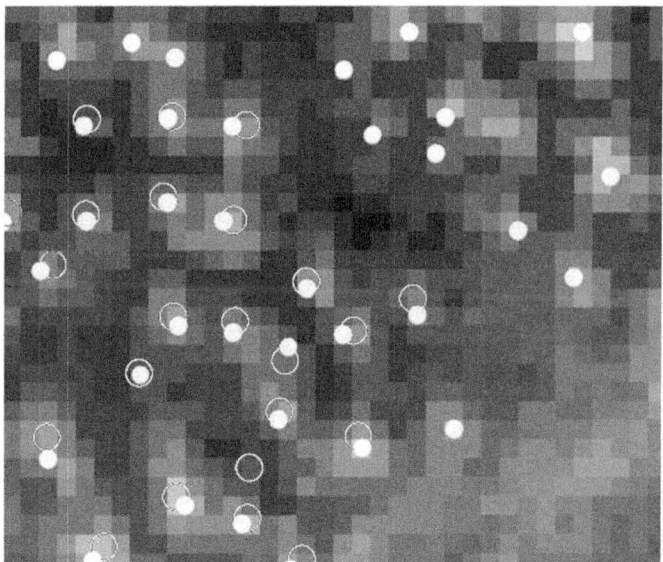

Abbildung 7.3: Erkennungsergebnis auf den Luftbildern in Glindfeld. Bekannte Positionen sind mit einem Kreis, segmentierte Positionen mit einem gefüllten weißen Punkt dargestellt. [Roßmann, Bücken, 2008]

Ein Vergleich der Luftbilder zeigte, dass die visuelle Trennbarkeit der einzelnen Kronen hier erheblich voneinander abwich. Während die Aufnahmen des Bestandes in Glindfeld nahezu zum Sonnenhöchststand aufgenommen wurden, erfolgte die Befliegung des Testbestandes in Schanze am frühen Morgen. Entsprechend sind in Glindfeld die Kronenspitzen beleuchtet und können somit gut als eigenständige Objekte erkannt werden, in Schmallenberg-Schanze hingegen sind die östlichen Kronenflanken beleuchtet und bilden quasi helle Bänder, die sich meanderförmig durch den Bestand ziehen. Abbildung 7.4 zeigt ein Beispiel, das verdeutlicht, wie sich unterschiedliche Beleuchtung auf die optische Separierbarkeit von Kronen auswirken kann. Während das linke Bild bei der Befliegung des Testgebietes Glindfeld bei sehr hoch stehender Sonne aufgenommen wurde, entstand das rechte Bild des gleichen Gebietes während der Befliegung 2007 mit der HRSC-Kamera bei einem sehr viel tieferen Sonnenstand. Dies ist im rechten Bild auch an der Länge der Schatten erkennbar. Besonders deutlich wird dies an den Bäumen nördlich des horizontal verlaufenden Weges knapp oberhalb der Bildmitte: Während im linken Bild deutlich einzelne Kronen zu erkennen sind, zeigt das rechte Bild hier ein nicht näher strukturiertes grünes Band, das lediglich einige Auswölbungen zeigt, an denen man als menschlicher Betrachter Baumkronen erkennen könnte. Jedoch ist es bereits für den Menschen nahezu unmöglich, anhand dieses Bildes eine Anzahl von Einzelbäumen anzugeben.

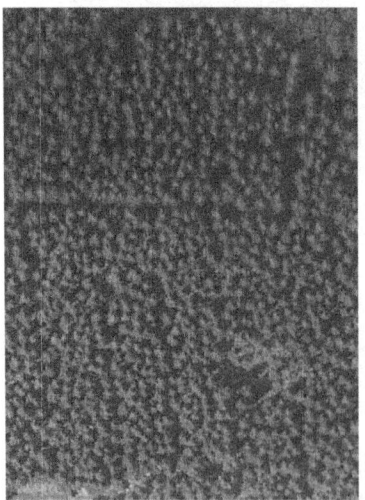 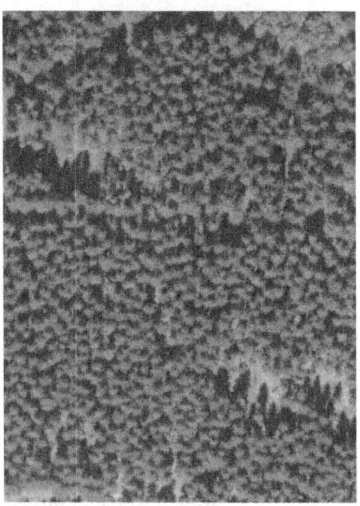

Abbildung 7.4: Vergleich der Luftbilder aus der Toposys-Befliegung in Glindfeld (links) und aus der Befliegung mit der HRSC-Kamera 2007 (rechts)

Als Fazit kann man somit feststellen, dass die Erkennungsrate auf Luftbildern stark von der Qualität und Beleuchtung der Szene abhängig ist. Bei einer gut geeigneten Beleuchtung kann das Segmentierungsergebnis ähnlich gut sein, wie bei einem Laserscanner-Datensatz. Es zeigt sich, dass der aktive LIDAR-Sensor mit seiner eigenen, ideal ausgerichteten Beleuchtung der Kamera als passivem Sensor überlegen ist, da er unabhängig von der aktuellen Beleuchtungssituation gleichbleibende Ergebnisse liefert.

Die hier aufgezeigten detaillierten Ergebnisse beziehen sich lediglich auf die Baumart Fichte in einem erntereifen Alter. Nur für diese Baumart war ein Referenzbestand vorhanden, der auf Einzelbaumebene mit den segmentierten Ergebnissen verglichen werden konnte.

Im Befliegungsgebiet Arnsberg standen weitere acht Rein-Bestände mit anderen Baumarten aus einer weiteren Vollaufnahme zur Verfügung. Es zeigte sich hier jedoch, dass die Positionsinformationen sehr viel ungenauer sind und die terrestrisch aufgenommenen Bäume in der Regel nicht eindeutig einer Krone im Luftbild oder Lasermodell zugeordnet werden können. Häufig sind hier auch nur Bestandesausschnitte aufgenommen worden, wobei in den Fernerkundungsdaten auch der jeweilige Ausschnitt nicht klar ersichtlich war. Daher konnten diese Bestände nur hinsichtlich einer durchschnittlichen Anzahl von Bäumen je Hektar ausgewertet werden. Hierfür wurden zunächst mit einem Geoinformationssystem die tatsächlich aufgenommenen Flächen als Inhalt der Einhüllenden der aufgezeichneten Stammfußpunkte gemessen. Anschließend wurden für jeden Bestand die terrestrisch aufgenommenen Bäume, die nicht zur Verjüngung und zum Unterstand gehören, ermittelt. Aus beiden Werten wurde die Anzahl an Bäumen je Hektar bestimmt. Unabhängig davon wurde für die jeweilige Bestandesgeometrie eine Einzelbaumerkennung durchgeführt und manuell parametriert. Die sich hier ergebende Stammzahl wurde durch die Bestandesfläche geteilt, um wiederum eine Anzahl an Bäumen je Hektar angeben zu können. Im Falle der Abteilung 286 war die Aufnahme mit Schwerpunkt auf den dort vorhandenen Eichen erfolgt. Der terrestrische Datensatz wurde hier auf diese Baumart reduziert und entsprechend wurden auch nur die segmentierten Eichenkronen gezählt.

Tabelle 7.2 zeigt den Vergleich zwischen terrestrischer Aufnahme und Segmentierung aus den Fernerkundungsdaten. Die Ergebnisse sind nicht so aussagekräftig, wie die Ergebnisse im Fichtenbestand in Schanze, da hier keine Fehler in den terrestrisch aufgenommenen Daten angesprochen werden konnten und kein direkter Vergleich möglich war.

Es zeigt sich, dass niedrigeres Laubholz nur schwer aus den vorhandenen Fernerkundungsdaten segmentiert werden kann. Hier ist die Anzahl an Bäumen je Hektar zu hoch, um noch aufgelöst zu werden. Es fiel jedoch auf, dass der

Volumetrische Algorithmus in allen Testbeständen bei Verwendung des niedrigsten Schwellenwertes deutlich übersegmentierte. Die zusätzlichen Bäume waren jedoch für den Bediener nicht mehr erkennbar, sodass nicht klar war, ob diese zusätzlichen erkannten Strukturen tatsächlich Bäume waren oder nur ein zweiter Treffer in einem bereits erkannten Baum. Der Schwellenwert wurde daher jeweils so gewählt, dass das Ergebnis mit den für den Bediener optisch trennbaren Bäumen übereinstimmte.

Tabelle 7.2: Segmentierungsergebnisse der acht Testbestände in Arnsberg

Bestand	Baumart	Alter	Mittelhöhe	Bäume je Hektar terrestrisch	Bäume je Hektar Fernerkundung	Erkennungsrate
206F1	Buche	90	27,35	270	216	80%
206H2	Roterle	97	23,20	291	260	89%
209C	Europ. Lärche	74	28,05	230	206	90%
215D2	Roteiche	54	17,43	349	245	70%
272A7	Jap. Lärche	42	19,91	264	222	84%
286	Traubeneiche	125	26,95	126	109	86%
300A1	Fichte	43	16,06	409	396	97%
300A4	Douglasie	37	17,20	525	442	84%

7.2 Qualitative Auswertung der Attribuierungsergebnisse

Nachdem im letzten Abschnitt die Anzahl der erkannten Bäume mit terrestrischen Zählungen verglichen wurde, soll nun die Qualität der Attribuierung evaluiert werden.

Hierzu wurden zunächst die berechneten Brusthöhendurchmesser der in der Bestandeseinheit 121B1 segmentierten Bäume in einem Histogramm den terrestrisch aufgenommenen Werten gegenübergestellt (Abbildung 7.5). Da die gesamte, in sich relativ gleichmäßig bewaldete, Bestandeseinheit segmentiert wurde, jedoch nur für einen nicht über einen Umring spezifizierten Ausschnitt terrestrische Messungen vorliegen, wurden prozentuale Anteile des Vorkommens der einzelnen Brusthöhendurchmesser angegeben und verglichen. Es zeigte sich eine sehr gute Übereinstimmung. Gegenüber dem in den Hilfstafeln der Forsteinrichtung beschriebenen Brusthöhendurchmesser ist der durchschnittliche BHD sowohl der terrestrischen Aufnahme als auch der segmentierten Bäume um gut 30 Prozent höher. Es zeigt sich, dass moderne Bestände die gleiche Kreisfläche je Hektar (Begriff: siehe auch Kapitel 5.6) mit weniger Bäumen erreichen, die dafür jedoch einen größeren Durchmesser besitzen. Diese Entwicklung wurde von Herrn Meißner, Leiter der Schwerpunktaufgabe Waldplanung beim Landesbetrieb Wald und Holz NRW, bestätigt.

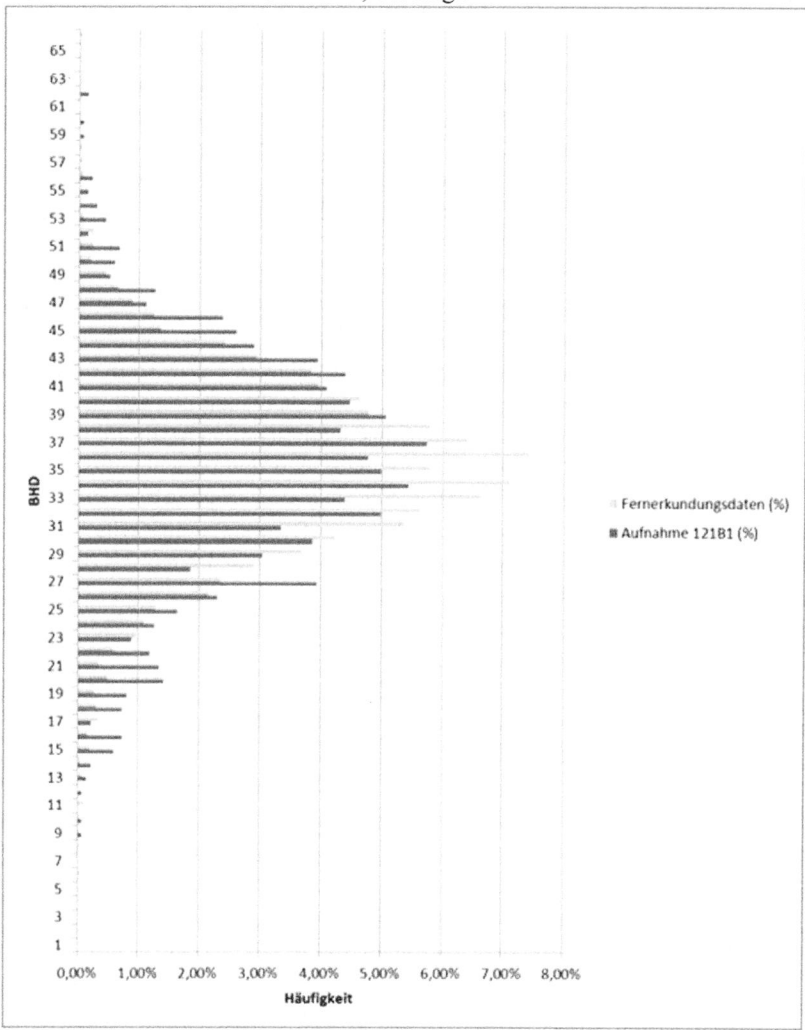

Abbildung 7.5: Histogramm zum Vergleich der terrestrisch ermittelten Brusthöhendurchmesser (dunkelgrau) mit den berechneten (hellgrau)

Ein weiterer Referenz-Datensatz, der im Testgebiet Schmallenberg zur Verfügung steht, ist eine bestandesweise Forsteinrichtung im Staatswald in Schanze, die mit geringem zeitlichen Abstand nach der Befliegung durchgeführt wurde. Hierbei wurden ca. 1200 Hektar von vier verschiedenen Forsteinrichtungsbüros erfasst. Dabei wurden zunächst Winkelzählproben durchgeführt, um die Bestandes-Kreisfläche und das Mischungsverhältnis verschiedener Baumarten zu bestimmen. Anschließend wurden die Mittelhöhen, also die durchschnittlichen Höhen für die Bäume mit einer Kreisfläche, die dem Bestandesdurchschnitt entspricht, bestimmt. Anhand von Altersangaben oder Abschätzungen zum Baumalter (zum Beispiel anhand von Jahrringen an Stumpen von geernteten Bäumen) und der Höhe wurde die sogenannte Ertragsklasse des Bestandes bestimmt. Dieser Wert gibt an, wie leistungsfähig ein Standort für eine bestimmte Baumart ist. Als nächster Wert wurde der Bestockungsgrad bestimmt, ein Wert, der angibt, wie dicht die Bäume im Bestand stehen. Dieser Wert ergibt sich als Quotient aus der im Rahmen der Winkelzählprobe gemessenen Kreisfläche und der in den Hilfstafeln der Forsteinrichtung angegebenen Norm-Kreisfläche. Mit den Werten Alter, Ertragsklasse und Bestockungsgrad kann nun mit dem Vorrat die eigentliche Zielgröße der Einrichtung aus den Hilfstafeln bestimmt werden.

Ein ähnliches Vorgehen lässt sich basierend auf den segmentierten und mit Höhen, Kronenschirmfläche, Brusthöhendurchmesser und Alter attribuierten Einzelbäumen eines Bestandes nachvollziehen. Dies sollte im Mittel zu ähnlichen Vorrats-Ergebnissen wie die der Forsteinrichtung führen. Exakt gleiche Ergebnisse kann man hier nicht erwarten, da alleine die geometrische Verteilung der Winkelzählproben des Forsteinrichters im Bestand eine spürbare Auswirkung auf den ermittelten Vorrat hat.

Die initiale Annahme ist hier, dass die Summe der Volumina der Einzelbäume dem Vorrat des Bestandes entspricht. Während jedoch beim Ertragstafelverfahren gleichartige Bestände mit gleicher Kreisfläche unabhängig von der Stammzahl und der Verteilung der Durchmesser auf die einzelnen Stämme immer den gleichen Vorrat zugewiesen bekommen, zeigt sich bei der Summe der Einzelbaumvolumina eine Abhängigkeit von der Verteilung der Bestandes-Kreisfläche auf die Individuen. Abbildung 7.6 zeigt grafisch das Volumen eines Bestandes, der jeweils aus identischen 20m hohen Fichten besteht. Während links die Fichten einen Brusthöhendurchmesser von 10cm aufweisen, sind im ganz rechten Beispiel 35cm Brusthöhendurchmesser verwendet worden. Die Anzahl der Bäume wurde in den Beispielen immer so gewählt, dass die Kreisfläche der Beispiele untereinander gleich war. Anschließend wurde für diese Beispielbestände anhand der in Kapitel 2.5 vorgestellten Formeln von Hyyppä beziehungsweise Laasasenaho, Denzin sowie dem Integral über die von Schmidt parametrierte Pain-Funktion das Volumen eines Einzelstammes und daraus durch Multiplikation mit der Stammzahl der Vorrat des Bestandes bestimmt. Die drei Formeln liefern verschiedene Werte, da Hyyppä und Denzin die Rinde mit ins Volumen einbeziehen, die hier verwendete Variante der Pain-Funktion die Rinde hingegen abzieht. Es zeigt sich aber bei allen drei Funktionen die gleiche Tendenz: Je dicker die einzelnen Bäume sind, desto geringer ist der Vorrat des Bestandes.

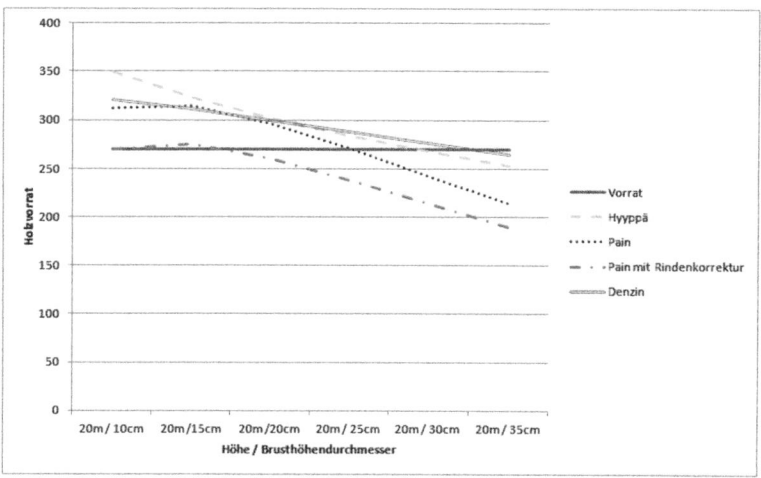

Abbildung 7.6: Vorrat für verschiedene Beispielbestände aus der Summe der Einzelbaumvolumina

Da heutige Bestände einen größeren Brusthöhendurchmesser aufweisen als die in den Hilfstafeln beschriebenen Bestände, diese Veränderung jedoch in der Volumenermittlung mit den Hilfstafeln der Forsteinrichtung nicht abgebildet wird, ist die Summe der Einzelbaumvolumina ungeeignet, um mit der terrestrisch erhobenen Vorratsangabe verglichen zu werden. Im Beispiel des Bestandes 121B1, der bereits weiter oben in der Auswertung der Verteilung der Brusthöhendurchmesser zu sehen war, ergab sich bei einer Berechnung des Gesamtvorrats als Summe der Einzelbaumvolumina der terrestrisch aufgenommenen Bäume eine Abweichung von mehr als 10 Prozent von den Tafelwerten. Diese Beobachtung wurde von Forstexperten bestätigt.

Aus diesem Grund wurde darauf verzichtet, den Vorrat als Summe der Einzelbaumvolumina anzugeben. Stattdessen wurden zunächst die Kreisflächen der einzelnen Bäume anhand des Brusthöhendurchmessers bestimmt. Wie auch bei der terrestrischen Einrichtung wurde nun die Mittelhöhe als durchschnittliche Höhe des Kreisflächenmittelstammes, also derjenigen Bäume, deren Kreisfläche der durchschnittlichen Einzelbaumkreisfläche im Bestand entspricht, gebildet. Gleichzeitig wurde das Alter des Bestandes als durchschnittliches Alter dieser Bäume berechnet. Durch die Mittelwertbildung über mehrere Bäume wird die hohe Standardabweichung der Altersfunktion abgeschwächt, falls die betrachteten Individuen hinreichend verschieden sind. Jedoch gibt es auch Fälle, in denen die Bäume des Kreisflächenmittelstammes eines Bestandes untereinander auch in Höhe und Kronendurchmesser sehr ähnlich sind, sodass auch die Abweichung bei der Berechnung des Alters bei allen Individuen vergleichbar ist und die Mittelwertbildung den Fehler nicht abschwächt.

Über die Mittelhöhe und das Alter wurde die Ertragsklasse bestimmt. Nun wurde auch hier der Bestockungsgrad als Quotient aus der berechneten und der in den Hilfstafeln angegebenen Bestandes-Kreisfläche angegeben und über diesen Wert der Vorrat des Bestandes aus den Hilfstafeln bestimmt.

Dieses Verfahren sollte vergleichbare Vorräte liefern wie eine terrestrische Einrichtung. Auch eine aus einem leicht abweichenden Alter geschätzte, geringfügig abweichende Ertragsklasse wird hier nicht zu einer starken Verfälschung des Ergebnisses führen, da die Unterschiede im Vorrat bei gleichhohen Beständen in benachbarten Ertragsklassen nach den Hilfstafeln recht gering sind.

Für die Auswertung wurden alle Fichten-Reinbestände im Aufnahmegebiet in Schmallenberg-Schanze betrachtet. Diese Bestände wurden in einer Expertenrunde, bestehend aus:

- Herrn J. Meißner, Leiter der Schwerpunktaufgabe Waldplanung beim Landesbetrieb Wald und Holz, NRW
- Herrn G. Spelsberg, Autor der verwendeten Ausgabe der Hilfstafeln der Forsteinrichtung
- Frau J. Saebel, Forstassessorin bei der am Projekt Virtueller Wald III beteiligten Dortmunder Initiative zur rechnerintegrierten Fertigung (RIF) e.V.

begutachtet. Dabei wurden zunächst für den Vergleich ungeeignete Bestände aussortiert. Das waren zum Beispiel Bestände, die sehr klein waren, auf denen kaum Bäume standen, oder die mehrstufig aufgebaut waren. Es blieben 28 Fichten-Reinbestände mit insgesamt 48,03 Hektar Fläche übrig.

Weiterhin wurden für diese 28 Testbestände die Ergebnisse der Forsteinrichtung unter Einbeziehung der Luftbilder und Messergebnisse des Laserscanners kritisch hinterfragt. So wurden offensichtlich fehlerhaft aufgenommene Baumhöhen korrigiert und zum Beispiel im Geländebegang nicht berücksichtigte Wegeflächen und ähnliches mit einbezogen. Ist ein Bestand mit der besten Ertragstafel IA,0 angegeben, kann das auch bedeuten, dass der Standort in Wahrheit noch leistungsfähiger als IA,0 ist, jedoch keine bessere Angabe gemacht werden kann. Aus diesem Grund wurde allen Beständen der Ertragsklasse IA,0 anschließend noch ein wirtschaftliches Alter basierend auf ihrer Mittelhöhe zugewiesen, das angibt, mit wie viel Jahren ein Bestand unter diesen Bedingungen üblicherweise die jeweilige Mittelhöhe erreicht. Dieses Vorgehen bildet den Bestandesvorrat präziser ab. Die bei der Begutachtung zusammengetragenen Daten wurden als Referenzwerte für die hier erfolgte Beurteilung verwendet. Auch bei der Inventur basierend auf den segmentierten Einzelbaumdaten wurde das wirtschaftliche Alter entsprechend umgesetzt.

Tabelle 7.3 listet die Ergebnisse für die 28 Bestände auf. In der Tabelle sind die Einträge der Forsteinrichter und des Algorithmus durch Unterstreichung markiert, wenn sie erheblich vom gutachterlichen Wert abweichen. Dabei ist beim Alter, bei den Mittelhöhen und dem Vorrat jeweils eine Abweichung von 10 Prozent als Grenze angesetzt. Bei der Ertragsklasse ist eine Abweichung um eine halbe Ertragsklasse als akzeptabel angenommen worden, da dies die übliche Genauigkeit bei einer terrestrischen Aufnahme darstellt. Beim Bestockungsgrad wurde eine Abweichung von 0,1 akzeptiert. Tabelle 7.4 gibt die von den Forsteinrichtungsbüros gemessenen und die vom Algorithmus berechneten Vorratsergebnisse relative zu den gutachterlich festgelegten Vorräten an. Dabei ist zum einen ein Wert für alle Einrichter angegeben, zum anderen sind die einzelnen Büros mit ihren jeweiligen Teilflächen aufgeführt, sodass die hier vorkommende Streuung zu erkennen ist. Anzumerken ist hier, dass das Forsteinrichtungsbüro 3 in diesem Vergleich nur mit einer sehr kleinen Fläche von 0,5ha vertreten ist, die Abweichung also nicht repräsentativ für dieses Büro sein muss. Es zeigt sich, dass die Summe des aus den Fernerkundungsdaten bestimmten Vorrates über alle Bestände lediglich um 1,04 Prozent vom gutachterlichen Wert abweicht. Die durchschnittliche Abweichung je Bestand liegt hingegen bei 15,07 Prozent.

Bei genauerer Betrachtung fällt auf, dass der Algorithmus in den drei Beständen 92B1, 117A2 und 119A3 besonders stark vom gutachterlichen Wert abweicht. Daher wurden diese Bestände und die zugehörigen Berechnungsergebnisse besonders intensiv kontrolliert.

Im Fall des Bestandes 92B1 handelt es sich um einen älteren Fichtenbestand, der an einer starken Hanglage mit ca. 65 Prozent Steigung gelegen ist. In solchen Beständen wachsen Fichten normalerweise nicht mehr vertikal nach oben, sondern neigen sich hangabwärts. Abbildung 7.7 verdeutlicht diese Situation. Damit liegt zwischen dem höchsten Punkt in der Baumkrone und dem Punkt, der lotgerecht darunter auf dem Boden liegt, eine deutlich größere Entfernung als die Baumhöhe. Daher wird in dieser Situation die Einzelbaumhöhe erheblich überschätzt. Da bei alten Fichten bereits geringe Höhenunterschiede einen deutlichen Unterschied im Bestandesvolumen bewirken, kommt es hier zu einer erheblichen Abweichung.

Tabelle 7.3: Ergebnisse der Bestandesinventur in Schmallenberg-Schanze

Bestand	Methode	Alter	EKL	BG	MH	Vorrat
87B3	Gutachter	38	0,4	1,2	19,90m	239m³
(0,71ha)	Forsteinrichtung	38	0,0	1,3	18,32m	292m³
	Algorithmus	42,5	0,8	0,9	18,54m	199,45m³
91A1	Gutachter	43	0,7	0,7	19,20m	387m³
(1,78ha)	Forsteinrichtung	43	1,0	0,8	18,02m	399m³
	Algorithmus	45,5	1,0	0,6	19,24m	315,54m³
91A3	Gutachter	73	2	0,8	23,97m	579m³
(1,74ha)	Forsteinrichtung	73	2	0,9	23,97m	651m³
	Algorithmus	60,5	1,1	0,9	24,23m	631,11m³
91A4	Gutachter	40	0,5	1,0	18,45m	178m³
(0,67ha)	Forsteinrichtung	40	0,5	0,9	18,45m	178m³
	Algorithmus	41,5	0,8	1,1	18,12m	204,34m³
91A6	Gutachter	31	0,0	0,9	14,22m	227m³
(1,12ha)	Forsteinrichtung	28	0,0	0,9	12,56m	186m³
	Algorithmus	33,3	0,3	1,0	15,48m	279,51m³
91A7	Gutachter	32	1,0	1,0	16,2m	997m³
(4,19ha)	Forsteinrichtung	32	1,0	0,9	14,84m	901m³
	Algorithmus	36,1	0,3	1,0	16,22m	1022,02m³
92B1	Gutachter	117	1,0	0,6	35,59m	663,6m³
(1,76ha)	Forsteinrichtung	117	1,0	0,5	35,59m	553m³
	Algorithmus	105,6	0,3	0,7	36,92m	954,34m³
93A2	Gutachter	30	0,0	0,8	13,6m	842,29m³
(4,98ha)	Forsteinrichtung	30	0,0	0,7	13,6m	737m³
	Algorithmus	31,4	0,0	0,7	14,47m	858,73m³
94A1	Gutachter	48	1,0	0,9	20,32m	1005m³
(3,42ha)	Forsteinrichtung	48	1,0	0,9	20,32m	1005m³
	Algorithmus	49,4	1,1	0,9	20,64m	1007,21m³
94A2	Gutachter	38	0,0	1,0	18,32m	228m³
(1,07ha)	Forsteinrichtung	38	0,0	1,0	18,32m	338m³
	Algorithmus	41,1	0,7	1,2	18,15m	373,18m³
94A3	Gutachter	26	0,0	0,8	11,52m	130m³
(1,04ha)	Forsteinrichtung	26	0,5	0,9	10,9m	119m³
	Algorithmus	27,7	0,0	0,7	12,39m	131,64m³

Qualitative Auswertung der Attribuierungsergebnisse 113

Bestand	Methode	Alter	EKL	BG	MH	Vorrat
98A2	Gutachter	30	0,0	1,0	13,6m	714m³
(3,37ha)	Forsteinrichtung	30	0,5	1,1	12,8m	654m³
	Algorithmus	32,2	0,3	0,8	14,83m	631,27m³
101C2	Gutachter	78	1,0	1,05	29,26m	252m³
(0,44ha)	Forsteinrichtung	78	1,0	0,9	29,26m	216m³
	Algorithmus	77,6	0,8	1,2	29,87m	312,65m³
105A3	Gutachter	48	1,2	1,1	18,21m	119m³
(0,35ha)	Forsteinrichtung	48	1,5	1,2	18,21m	118m³
	Algorithmus	48,6	1,1	0,8	20,30m	90,96m³
105B2	Gutachter	48	1,0	0,8	20,32m	466m³
(1,78ha)	Forsteinrichtung	48	1,0	0,8	20,32m	466m³
	Algorithmus	48,8	1,0	0,9	20,69m	492,30m³
106A1	Gutachter	36	0,0	1,0	17,24m	1080m³
(3,71ha)	Forsteinrichtung	36	0,0	1,0	17,24m	1080m³
	Algorithmus	40,3	0,7	0,9	17,90m	938,66m³
106A2	Gutachter	28	0,0	0,8	12,56m	557m³
(3,78ha)	Forsteinrichtung	28	0,0	0,9	12,56m	627m³
	Algorithmus	28,9	0,0	0,7	13,05m	498,33m³
113A2	Gutachter	23	0,7	0,8	9,04m	35m³
(0,55ha)	Forsteinrichtung	23	1,5	1,0	7,21m	24m³
	Algorithmus	21,7	0,0	0,6	9,49m	31,29m³
117A2	Gutachter	74	0,5	0,8	30,35m	423m³
(0,9ha)	Forsteinrichtung	74	0,5	0,8	30,35m	423m³
	Algorithmus	83,5	0,8	1,1	31,33m	596,78m³
119A3	Gutachter	44	0,0	1,1	21,56m	330m³
(0,77ha)	Forsteinrichtung	42	1,0	1,1	17,53m	228m³
	Algorithmus	53,5	1,0	1,5	22,42m	418,08m³
121A1	Gutachter	48	1,5	1,0	18,21m	1182m³
(4,19ha)	Forsteinrichtung	48	1,5	0,8	18,21m	943m³
	Algorithmus	44,2	1,0	0,8	18,46m	926,36m³
121A2	Gutachter	32	0,0	1,1	14,84m	136m³
(0,52ha)	Forsteinrichtung	32	1,0	1,0	12,56m	93m³
	Algorithmus	34,3	0,5	1,1	15,46m	119,16m³
122A2	Gutachter	41	1,0	0,8	17,04m	156m³
(0,67ha)	Forsteinrichtung	41	1,0	0,9	17,04m	156m³
	Algorithmus	46,3	1,1	0,6	19,06m	126,16m³
126B2	Gutachter	33	0,5	1,0	14,67m	173m³
(0,81ha)	Forsteinrichtung	33	1,0	1,0	13,09m	141m³
	Algorithmus	32,2	0,0	0,9	14,96m	175,35m³

Bestand	Methode	Alter	EKL	BG	MH	Vorrat
130A1	Gutachter	41	0,0	0,9	19,94m	576m³
(1,81ha)	Forsteinrichtung	40	1,5	1,0	14,7m	369m³
	Algorithmus	48,3	1,0	1,1	20,31m	629,76m³
130A2	Gutachter	58	0,75	0,7	25,1m	165m³
(0,53ha)	Forsteinrichtung	58	2,0	0,9	19,84m	152m³
	Algorithmus	62,5	1,3	0,8	24,15m	178,50m³
130B2	Gutachter	83	1,75	0,55	27,2m	98m³
(0,37ha)	Forsteinrichtung	83	2	1,2	26,15m	201m³
	Algorithmus	68,9	1,2	0,6	26,52m	108,64m³
130K1	Gutachter	59	1,7	0,7	21,47m	248m³
(0,99ha)	Forsteinrichtung	59	1,5	0,9	22,31m	335m³
	Algorithmus	53,6	1,3	0,5	21,11m	173,42m³

Tabelle 7.4: Abweichungen durch den Algorithmus und die vier Forsteinrichtungsbüros im Testgebiet Schmallenberg-Schanze

	Größe der bearbeiteten Fläche im Vergleichsdatensatz	Abweichung in der Vorratssumme	Durchschnittliche Abweichung
Algorithmus	48,03 ha	1,04%	15,07%
Alle Einrichter	48,03 ha	5,78%	16,28%
Einrichter 1	14,14 ha	0,17%	8,32%
Einrichter 2	21,78 ha	5,23%	8,09%
Einrichter 3	0,55 ha	31,43%	31,43%
Einrichter 4	11,56 ha	12,79%	28,52%

Für den Bestand 117A2 zeigte sich, dass die segmentierte Stammzahl plausibel ist und es bei den Brusthöhendurchmessern keine nennenswerten Ausreißer gibt. Hier lässt sich ohne einen weiteren Geländebegang nicht herausfinden, wo die Ursache für die Abweichung liegt.

Im Bestand 119A3 zeigen sich im Luftbild einzelne Laubbäume, die nicht in der Forsteinrichtung beschrieben worden waren. Diese weisen in der Segmentierung eine erheblich größere Kronenschirmfläche auf. Da anhand der Forsteinrichtung sämtliche erkannten Bäume der Baumart Fichte zugeordnet wurden, standen somit in diesem Bestand einige Individuen, denen aufgrund der Kronenschirmfläche ein zu großer Brusthöhendurchmesser zugeordnet wurde. Hierdurch wurde das Ergebnis verfälscht. Entfernt man die klar erkennbaren Individuen, wird der Vorrat gegenüber dem gutachterlichen Wert zwar weiter überschätzt, jedoch verringert sich das Maß erheblich.

Auch die Attribute, die in die Berechnung des Vorrats eingehen, sind gut abgebildet. So liegt für dreiviertel der Bestände die Abweichung des durchschnittlichen Alters innerhalb von 10 Prozent vom gutachterlichen Wert. Bei gut zwei Drittel der betrachteten Bestände weicht die über das Alter und die Mittelhöhe berechnete Ertragsklasse um nicht mehr als eine halbe Klasse von der gutachterlich festgelegten ab. Dieser Wert von einer halben Ertragsklasse gilt als zu erwartender Fehler bei einer terrestrischen Aufnahme. Auch der Bestockungsgrad weicht in ca. zwei Drittel der Bestände um nicht mehr als 0,1 vom gutachterlichen Wert ab. Die Mittelhöhe weicht lediglich in zwei Beständen um mehr als 10 Prozent von der gutachterlich festgelegten Höhe ab.

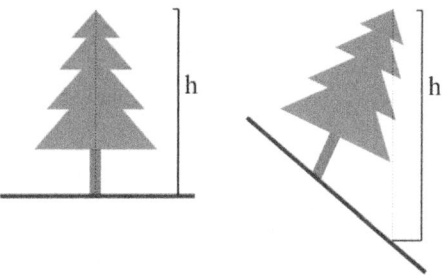

Abbildung 7.7: Überschätzung der Baumhöhe bei starker Hanglage

Es zeigt sich, dass die Ableitung von Höhe und Kronenschirmfläche in den Segmentierungsergebnissen ausreichend gut ist, um daraus weitere Attribute wie zum Beispiel den Brusthöhendurchmesser sinnvoll ableiten zu können. Im Vergleich mit der Bestandesinventur kann neben der Attribuierung auch die Anzahl der erkannten Bäume zum Tragen. Auch diese reicht in den betrachteten Beständen aus, um eine sinnvolle Aussage über den Vorrat treffen zu können. Hervorzuheben ist hierbei, dass die Attribuierungen anhand von terrestrischen Messergebnissen kalibriert wurden, die nicht in den hier zur Validierung verwendeten Beständen lagen.

7.3 Analyse der benötigten Datengrundlage

In diesem Abschnitt soll hinterfragt werden, warum die Segmentierungsergebnisse auf einem Oberflächenmodell, das fotogrammetrisch aus Luftbildern erstellt wurde, deutlich schlechter sind als die Ergebnisse auf einem Modell aus einer Laserscannerbefliegung. Weiterhin sollen die Auswirkungen der verschiedenen Parameter einer Laserscannerbefliegung auf das Segmentierungsergebnis diskutiert werden.

7.3.1 Analyse der Qualität eines fotogrammetrischen DOMs

Abbildung 7.8 zeigt links ein DOM des Bestandes 121B1 in Schmallenberg-Schanze, das fotogrammetrisch aus Luftbildern abgeleitet wurde. Im rechten Teilbild sieht man den gleichen Ausschnitt aus einem Laser-DOM. Es fällt auf, dass im Laser-DOM die einzelnen Fichtenkronen wesentlich klarer zu erkennen sind und zwischen den Kronen tiefe Einschnitte sichtbar sind. Im fotogrammetrischen DOM fehlen diese Einschnitte nahezu vollständig. Selbst im Bereich der Blößen im Bestand weist diese nDOM Werte deutlich über 0m auf.

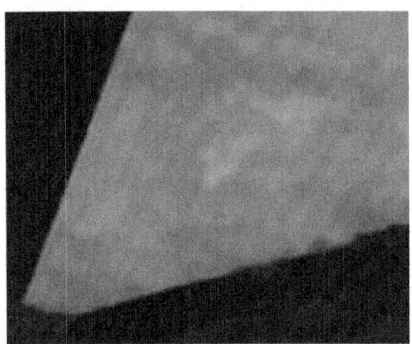 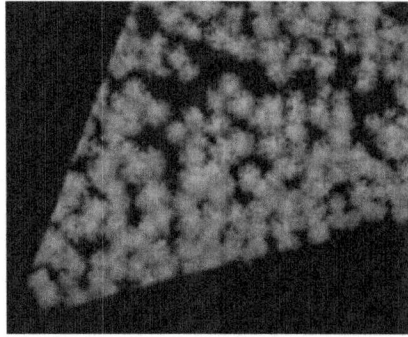

Abbildung 7.8: Fotogrammetrisches (links) und Laser-Oberflächenmodell (rechts) eines Ausschnittes des Bestandes 121B1 in Schmallenberg-Schanze

Es sollte daher geprüft werden, woraus die fehlende Kronentrennung resultieren kann. Mögliche Ursachen sind hier unter anderem eine zu große Selbstähnlichkeit des Waldes, sodass der im fotogrammetrischen Prozess eingesetzte Algorithmus Bildteile nicht mehr korrekt einander zuordnen kann, oder eine unzureichende Abdeckung der entsprechenden Geländeausschnitte. Eine zu große Selbstähnlichkeit kann an dieser Stelle nicht geprüft werden, da die Berechnung extern durch einen Dienstleister erfolgte und die dabei verwendete Software nicht zur Verfügung stand.

Die Analyse der Überdeckung soll anhand eines Modells diskutiert werden. Hierzu wurden die Parameter einer Luftbildbefliegung mit einer Ultracam X [Microsoft Datenblatt Ultracam X] nach Standard von GEObasis.nrw verwendet, die eine Überlappung der einzelnen Bilder von 70 Prozent in Flugrichtung und von 30 Prozent quer zur Flugrichtung vorsehen. Abbildung 7.9 zeigt den verwendeten Musterbestand aus Modellbaubäumen. Auf diesen wurde senkrecht von oben eine Kamera mit Tele-Linse ausgerichtet. Die Entfernung wurde dabei so gewählt, dass die auftretende Verkippung der Bäume nicht über 0,5° liegt und damit zu vernachlässigen ist. Die Kamera wurde an dieser Stelle belassen und während des Versuches nicht bewegt.

Abbildung 7.9: Musterbestand aus Modellbaufichten

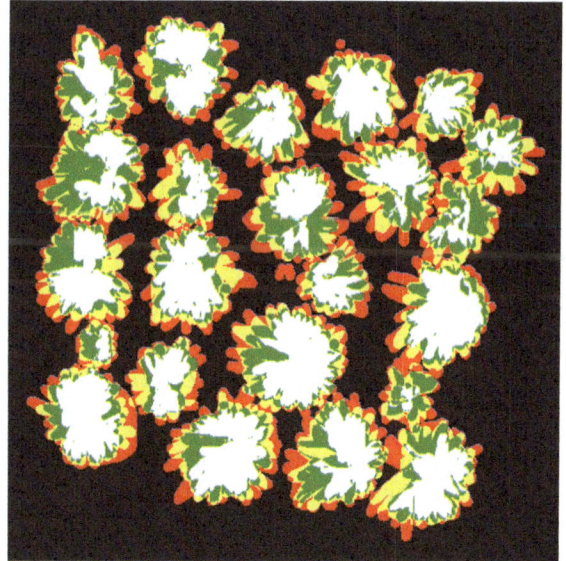

Abbildung 7.10: Mehrfach-Überdeckung eines Modellwaldes bei einer simulierten Ultracam-Befliegung. Weiß: mindestens vierfache Überdeckung, Grün: dreifache Überdeckung, Gelb: zweifache Überdeckung, Rot: Einfache Überdeckung

Die Positionen, von denen aus der Bestand bei einer Befliegung mit einer Ultracam aufgenommen würde, wurden ausgemessen. Nun wurde für jede Position ein Foto gemacht, für das der Blitz an der Position der Ultracam platziert wurde. Ergebnis ist ein Satz von Bildern, die deckungsgleich den Testbestand zeigen, jedoch ist immer nur der Bereich hell beleuchtet, der von der entsprechenden Position aus durch die Ultracam aufgenommen werden kann. Da der Öffnungswinkel des Blitzes sich nicht präzise an den der Ultracam anpassen ließ, wurde der für die Kamera sichtbare Bereich im Nachgang anhand der in Abbildung 7.9 sichtbaren Rasterquadrate bestimmt und die Auswertung auf diesen Bereich beschränkt. Die Einzelbilder wurden manuell in Licht und Schatten aufgeteilt. Nun wurde ausgewertet, auf wie vielen Bildern im gesamten Satz ein Pixel als beleuchtet markiert war. Dies entspricht der Anzahl der Ultracambilder, die den entsprechenden Ausschnitt des Waldes überdecken. Abbildung 7.10 visualisiert das Ergebnis.

Man erkennt deutlich, dass nur die zentralen Bereiche einer Krone in mindestens vier Bildern enthalten waren. An den Flanken nahm die Anzahl der Bilder hingegen deutlich ab, sodass hier keine ausreichende Überdeckung für eine fotogrammetrische Prozessierung mehr besteht. Entsprechend müssen diese Bereiche des Bestandes bei der Berechnung des Oberflächenmodells interpoliert werden.

Die zu geringe Überdeckung der Kronenflanken zeigt bereits eine mögliche Ursache auf. In der Luftbildbefliegung in Hoppengarten stand eine wesentlich höhere Überlappung der einzelnen Luftbilder zur Verfügung. Hier wurde mit einer Überlappung in Flugrichtung von 80 Prozent und quer zur Flugrichtung von 60 Prozent geflogen. Abbildung 7.11 zeigt einen Ausschnitt aus einem fotogrammetrischen Oberflächenmodell für diesen Bereich. Es zeigt sich eine wesentlich bessere Abbildung der Baumkronen, die Trennung ist allerdings immer noch nicht mit dem LIDAR nDOM vergleichbar.

7.3.2 *Analyse der benötigten Auflösung eines LIDAR-DOMs*

Um den Zusammenhang zwischen den Parametern einer LIDAR-Befliegung und der Genauigkeit der Segmentierung zu bestimmen, gibt es mehrere Ansätze. Konventionell würde man hier ein kleines Waldstück in den verschiedenen Parameter-Spezifikationen befliegen und anschließend die Auswertungsergebnisse vergleichen. Nachteil dieses Vorgehens sind verhältnismäßig hohe Befliegungskosten, sowie mögliche Abweichungen zwischen den verschiedenen Datensätzen aufgrund des verschiedenen Aufnahmezeitpunktes. Alternativ ist es möglich, einen Vergleich auf Daten, die im Rahmen einer Sensorsimulation in einem virtuellen Testbed [Roßmann, 2010] erzielt wurden, zu betrachten. Bei der

Simulation wird ein sehr genaues, digitales Modell des zu scannenden Waldbestandes von einem simulierten Sensor abgetastet, der einen Datensatz liefert, der anschließend wie der Datensatz des realen Sensors verarbeitet werden kann. Vorteil dieses Verfahrens ist, dass man zum einen die immer wiederkehrenden Befliegungskosten vermeidet und zum anderen bei jedem Simulationsdurchgang die gleichen Bedingungen zur Verfügung hat. Während bei einer erneuten Befliegung Baumkronen aufgrund einer anderen Windrichtung oder -stärke anders geneigt oder auch einzelne Bäume zwischenzeitlich geerntet worden sein können, bleibt das digitale Modell unverändert und lässt auch nach langer Zeit die Evaluierung eines weiteren Parametersatzes zu.

Abbildung 7.11: Oberflächenmodell der fotogrammetrischen Prozessierung der Befliegung in Hoppengarten (Bilder: [Bucher, 2012])

Ein entsprechendes Modell des Waldes kann auf verschiedene Arten gewonnen werden. Das genaueste Abbild liefert sicherlich eine Serie von terrestrischen Laserscans mit einer sehr hohen Auflösung und einer sehr geringen Aufweitung des Messstrahls. Abbildung 7.12 zeigt ein solches Datenbeispiel.

Sollen lediglich Informationen zu einer Bestandesart, insbesondere zu einer Baumart, einer bestimmten Baumhöhe usw., ermittelt werden, ist diese Datenerhebung des Grundmodells praktikabel. Sollen hingegen für verschieden alte und verschieden dichte Bestände mit verschiedenen Baumarten Ergebnisse abgeleitet werden, ist der Aufwand, ein solches Modell zu erstellen, zu hoch. Im Falle dieser Untersuchung kam ein Testmodell mit einer Größe von zwei Quadratkilometern zum Einsatz. Für diese Größe eines Testmodells wären mehrere Tausend einzelne terrestrische Scans erforderlich, um ein adäquates Kronenmodell zu erzielen.

Abbildung 7.12: Punktwolke eines terrestrischen Laserscans eines Bestandes (Bild: M. Emde, MMI)

Eine Alternative stellt auch hier die Datenerhebung aus der Luft dar. Hier ist jedoch die Punktdichte geringer und zugleich die Aufweitung des Messstrahles höher, was die Ergebnisse beeinflussen kann.

Im Rahmen des Projektes Virtueller Wald wurden Teilbereiche des Testgebietes Schmallenberg zusätzlich zur normalen Befliegung mit einer höheren Punktdichte unter Einsatz eines Hubschraubers beflogen. Für das in Abbildung 7.13 gezeigte Teilgebiet stehen durchschnittlich 25 bis 30 Datenpunkte je Quadratmeter zur Verfügung. Aus diesen Daten wurde zunächst ein sehr hoch aufgelöstes Oberflächenmodell interpoliert. Hierzu wurde ein effizienter fraktaler Interpolationsalgorithmus eingesetzt (Anhang A). In der hier gezeigten Simulation wurde dafür eine Auflösung von einem Zentimeter je Punkt verwendet, was eine Datenmenge von ca. 250GB je Quadratkilometer bedeutet.

Auf diesem Oberflächenmodell wurde ein Sensorsimulationsansatz realisiert. Dabei wurden folgende Parameter des Messvorgangs mit dem Laserscanner betrachtet:

- Entfernung zwischen zwei Messpunkten in x- und y-Richtung
- Streuung der Punkte in x- und y-Richtung
- Strahlaufweitung des Messstrahls
- Auslöseschwelle des Scanners
- Rauschen des Scanners im Entfernungswert
- Wahrscheinlichkeit für Fehlmessungen oberhalb des tatsächlichen Oberflächenmodells (zum Beispiel Vögel)
- Flughöhe

Analyse der benötigten Datengrundlage 121

- Wahrscheinlichkeit für Fehlmessungen unterhalb des tatsächlichen Oberflächenmodells (zum Beispiel Mehrfachreflexion durch feuchte Blätter)

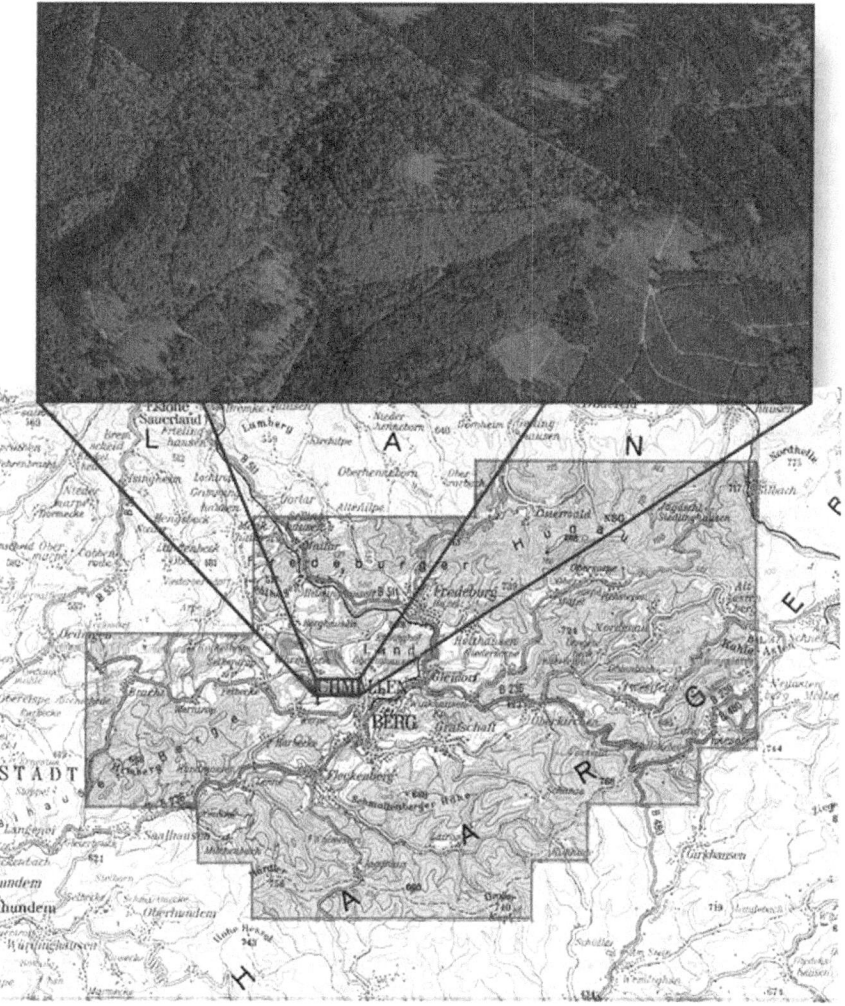

Abbildung 7.13: Lage der betrachteten Fläche im Testgebiet Schmallenberg

Mit den Parametern Entfernung zwischen zwei Messpunkten in x- und y-Richtung wird während der Simulation zunächst ein gleichmäßiges Punktraster auf der Versuchsfläche erzeugt. Die einzelnen Punkte werden anschließend im Rahmen der Streuung zufällig verschoben. Diese recht einfache Verteilung von simulierten Messpunkten ist für Scanner wie den Riegl LMS-Q560i ausreichend, der auch in der Realität seine Punkte recht gleichmäßig verteilt. Dies wird durch einen rotierenden Spiegel im Scanner erreicht. Die Streuung resultiert bei diesem Scanner in erster Linie aus der ungleichmäßigen Bewegung des Flugzeugs. Bei anderen Scannern, die zum Beispiel mit einem oszillierenden Spiegel oder einem schwingenden Faserbündel arbeiten, muss die Punktverteilung entsprechend angepasst werden. Abbildung 7.14 zeigt ein Beispiel für eine nicht gestreute simulierte Punktverteilung eines Toposys Falcon-II Scanners, die verdeutlicht, dass dieser Scanner eine recht inhomogene Verteilung der Messpunkte aufweist.

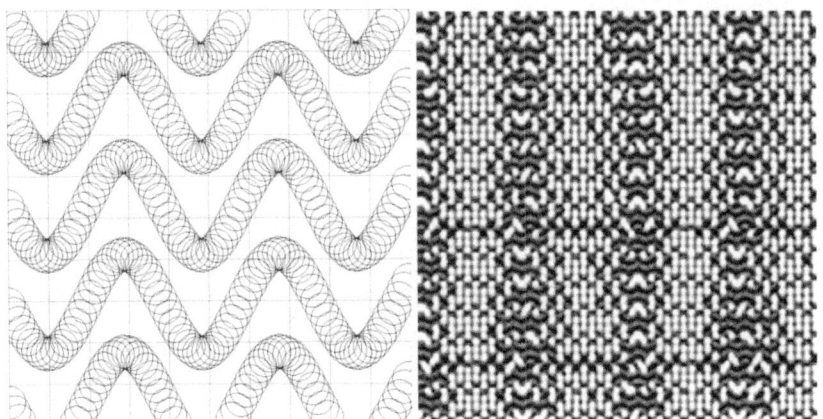

Abbildung 7.14: Verteilung der Messpunkte beim Toposys Falcon-II. Links: geometrische Lage und Strahldurchmesser der Messpunkte. Rechts: Dichtekarte der Treffer, weiß markiert sind nicht getroffene Flächen von je einem Quadratmeter Größe

Der Parameter Strahlaufweitung trägt der Tatsache Rechnung, dass ein im Alltag häufig als punktförmig angenommener Laserstrahl beim Laserscannen vom Flugzeug aus am Boden tatsächlich einen Durchmesser im Bereich von mehreren Dezimetern hat. Bei den Messungen in den Testgebieten Schmallenberg, Arnsberg, Hoppengarten und Steinfurt sind für den Riegl LMS-Q560i Scanner nach Angaben des Datenlieferanten ca. 20cm bis 40cm Durchmesser anzusetzen, für den Toposys Falcon-II, der im Testgebiet Glindfeld zum Einsatz kam, sind es - ebenfalls nach Angaben des Datenlieferanten - ca. 80cm. In der Simulation gibt dieser Parameter an, wie groß der Bereich ist, der aus dem hoch aufgelösten Oberflächenmodell herausgelesen und betrachtet wird. Der Algorithmus stanzt quasi den entsprechenden Bereich des Oberflächenmodells um den Messpunkt herum aus und betrachtet diesen im Folgenden. Es wird hier auf eine Simulation schräg einfallender Messstrahlen verzichtet, da bei allen bisherigen Testgebieten ein sehr enger Aufnahmewinkel gewählt wurde, damit die Kronenflanken auch im Nadelwald gleichmäßig abgebildet werden und nicht die Kronenteile, die auf der dem Laser abgewandten Seite des Baumes liegen, nicht abgetastet werden. Holmgren, Nilsson und Olsson haben diesen Effekt untersucht [Holmgren, Nilsson, Olsson, 2003]. Wenn die Veränderung eines Modells durch sehr schräg einfallende Messstrahlen ermittelt werden soll, ist es möglich, das hier vorgestellte Verfahren mit den von Roßmann, Hempe und Emde vorgestellten Methoden der Sensor-Simulation unter Nutzung der GPU einer aktuellen Grafikkarte zu erweitern [Roßmann, Hempe, Emde, 2011].

Die Auslöseschwelle ist bei einigen Geräten wie zum Beispiel dem Riegl LMS-Q560i in gewissen Grenzen einstellbar. Sie gibt an, ab welcher reflektierten Intensität der Laserscanner einen Gegenstand detektiert und einen gemessenen Punkt generiert. Bei anderen Scannern ist dieser Wert systemabhängig fest vorgegeben. In der hier eingesetzten Sensorsimulation wurde von einer einheitlichen diffusen Reflexion der Geländeoberfläche ausgegangen. Der Messpunkt wurde auf der Höhe generiert, auf der erstmalig der vorgegebene Anteil der Fläche des Messstrahles das Oberflächenmodell schneidet. Hierzu wurden sämtliche Punkte, die wie oben beschrieben aus dem Oberflächenmodell gestanzt wurden, nach ihrer Höhe sortiert. Die zurückgelieferte Höhe des generierten Messpunktes findet sich dann immer an einer definierten Stelle in der sortierten Liste der Oberflächenpunkte – vom Beginn der Liste an gesehen an der definierten Prozentzahl. Die x- und y-Position des berechneten Messpunktes ist immer die des Mittelpunktes des Messstrahls.

Über den Parameter Rauschen des Scanners im Entfernungswert kann die Breite einer zufälligen Abweichung des Scanergebnisses bestimmt werden. Die typische Abweichung eines Scanners ist bei diffus reflektierenden Oberflächen sehr gering. Beim Riegl-Scanner, der bei den meisten Befliegungen im Projekt Virtueller Wald eingesetzt wurde, sind es wenige Zentimeter.

Neben dem typischen Höhenrauschen können weitere Fehler auftreten. Eine häufige Fehlerquelle sind Gegenstände, die sich zwischen dem Oberflächenmodell und dem Flugzeug befinden und vom Laser erfasst werden, also beispielsweise ein Vogelschwarm, der über den Wald fliegt. Für solche Fehlmessungen lässt sich im Fehlermodell der Sensorsimulation eine

Wahrscheinlichkeit angeben. Zusätzlich wird die Flughöhe spezifiziert, sodass der tatsächliche Höhenmesswert an den betroffenen Punkten zufällig zwischen dem tatsächlichen Oberflächenmodell und dem Flugzeug platziert wird. Eine zweite typische Fehlerquelle sind Punkte, die erheblich zu tief gemessen wurden. Auch hierfür kann in der Sensorsimulation eine Wahrscheinlichkeit angegeben werden. In der Realität treten solche Fehler beispielsweise an feuchten Blättern auf, wenn der vom Scanner emittierte Laser reflektiert wird und erst an einem ganz anderen Punkt diffus zum Scanner zurückgeworfen wird.

Der Sensorsimulationsansatz wurde mit unterschiedlichen Parametersätzen ausgeführt. Dabei wurden sowohl die Punktdichte als auch die Strahlaufweitung, die Auslöseschwelle und das Rauschen variiert. Tabelle 7.5 gibt einen Überblick über alle verwendeten Parametersätze. Ergebnis jedes Durchgangs der Sensorsimulation ist eine Punktwolke, die das Oberflächenmodell beschreibt. Aus jeder dieser Punktwolken wurde ein gerastertes digitales Oberflächenmodell berechnet. Zusammen mit dem digitalen Geländemodell der realen Befliegung wurde ein normalisiertes Oberflächenmodell erstellt.

Tabelle 7.5: Übersicht über die verwendeten Parametersätze

Datensatz	1	2	3	4	5	6	7	8	9
Punkt Abstand X [m]	0,4	1,4	0,28	0,2	0,5	0,66	0,5	0,25	0,5
Punkt Abstand Y [m]	0,4	1,4	0,28	0,2	0,1	0,25	0,4	0,2	0,4
Punkt Streuung X [m]	2,0	4,0	1,0	1,0	1,0	1,0	0,2	0,1	0,2
Punkt Streuung Y [m]	2,0	4,0	1,0	1,0	1,0	1,0	0,2	0,1	0,2
Strahlaufweitung [cm]	40	80	20	10	20	20	5	5	3
Auslöseschwelle	7%	7%	6%	6%	6%	6%	15%	15%	3%
Höhenrauschen [m]	0,5	0,5	0,2	0,2	0,2	0,2	0,01	0,01	0,01
Anteil Vögel	4E-6	4E-6	4E-7	4E-7	4E-7	4E-7	4E-10	1E-10	1E-10
Max. Höhe Vögel [m]	200	200	200	200	200	200	50	50	50
Anteil Reflektionen	0,01	0,001	0,001	0,001	0,001	0,001	1E-10	1E-10	1E-10

Mit diesem Sensorsimulationsansatz wird die Idee des Virtuellen Testbeds genutzt. Da die simulierte Punktwolke im gleichen Format vorliegt und die gleichen Informationen enthält wie die eines realen Sensors, können nachfolgende Algorithmen unabhängig davon arbeiten, ob sie auf realen oder simulierten Daten rechnen. Hier wird diese Eigenschaft des virtuellen Testbeds genutzt, um nicht nur ein optisch plausibles Ergebnis zu liefern, sondern auch auf jedem Modell eine Einzelbaumerkennung durchführen zu können. Die Visualisierungen der normalisierten Oberflächenmodelle und die Ergebnisse der Einzelbaumerkennung aller Modelle sind in Anhang C aufgeführt. An dieser Stelle sollen nur fünf der Simulationsdurchläufe herausgegriffen und verglichen werden. Hierbei kommen die Datensätze 1, 2, 4, 7 und 9 zum Einsatz. Zum Vergleich wurde das nDOM des normalen, flugzeuggetragenen Laserscanners in diesem Bereich ausgewertet. Die Messpunkte des Hubschraubers wurden hierbei nicht berücksichtigt.

Es wurden vier Bestände ausgewählt, die verschiedene Altersstufen der Baumart Fichte charakterisieren und auch verschieden dicht bestockt sind. Initial wurden Parametersätze für die Simulation verwendet, die die tatsächlichen Befliegungsparameter möglichst exakt annähern. So wurde insbesondere der Durchmesser des Messstrahls auf den realen Durchmesser gesetzt. Die Segmentierungsergebnisse auf diesen Messwerten blieben jedoch hinter den Erwartungen zurück und waren insbesondere im jüngsten Bestand deutlich schlechter als die Ergebnisse auf den realen Messdaten.

Eine detailliertere Auswertung der Flugprotokolle der Befliegung in Schmallenberg zeigte, dass der Hubschrauber bei der Befliegung allenfalls geringfügig tiefer als das Flugzeug geflogen ist. Somit sind die Messpunkte des Hubschraubers bereits mit einer mit dem Flächenflugzeug vergleichbaren Strahlaufweitung aufgenommen worden. Eine derartig hohe Flughöhe des Hubschraubers ist natürlich für diesen Einsatzzweck ungünstig, da es nicht möglich sein wird, auf diesem Oberflächenmodell einen schmaleren Messstrahl als den bei der ursprünglichen Messung verwendeten zu simulieren. Aufgrund dieser Erkenntnis wurden zusätzliche Simulationen mit einem sehr gering aufgeweiteten Laserstrahl durchgeführt. Diese liegen bei gleicher Punktdichte sehr viel näher am realen Oberflächenmodell. Datensatz 9 liegt hier im Durchschnitt über alle Bestände am dichtesten an den Ergebnissen des realen Scanners. Die Punktdichte ist bei diesem Modell nahezu identisch mit dem realen Scanner, die Strahlaufweitung war lediglich auf 3cm gesetzt, wodurch der geringe Unterschied in der Flughöhe zwischen Flugzeug und Hubschrauber beschrieben ist.

Es zeigte sich, dass Modelle mit einer höheren Punktdichte generell bessere Segmentierungsergebnisse lieferten. Datensatz 2 mit nur 0,5 Punkten je

Quadratmeter lieferte im locker stehenden Altholz noch gerade passable Ergebnisse. In den jüngeren Beständen waren diese Daten unzureichend für eine Einzelbaumerkennung. Man könnte sie jedoch zur Bestimmung von Bestandesparametern wie der Oberhöhe heranziehen und dann in diesem Bestand – wie in Kapitel 5.4 beschrieben – zufällig Bäume setzen. Weiterhin zeigte sich, dass ein geringerer Strahldurchmesser im Jungwald wichtiger ist, als eine sehr hohe Punktdichte.

Tabelle 7.6 zeigt die Ergebnisse der hier betrachteten Bestände im Überblick, Abbildung 7.15 verdeutlicht die Erkennungsraten grafisch.

Tabelle 7.6: Segmentierungsergebnisse auf den Musterdatensätzen

Fläche	Satz 1	Satz 2	Satz 4	Satz 7	Satz 9
130C1 98 Jahre	223 100%	206 92,4%	246 110,3%	216 96,9%	228 102,2%
130F1 78 Jahre	460 90,4%	360 70,7%	511 100,4%	514 101,0%	508 99,8%
FBG Oberkirchen ca. 38 Jahre	409 96,5%	259 61,1%	475 112,0%	419 98,8%	433 102,1%
79C1 27 Jahre	2662 80,7%	1574 47,7%	3044 92,2%	3050 92,4%	3239 98,2%

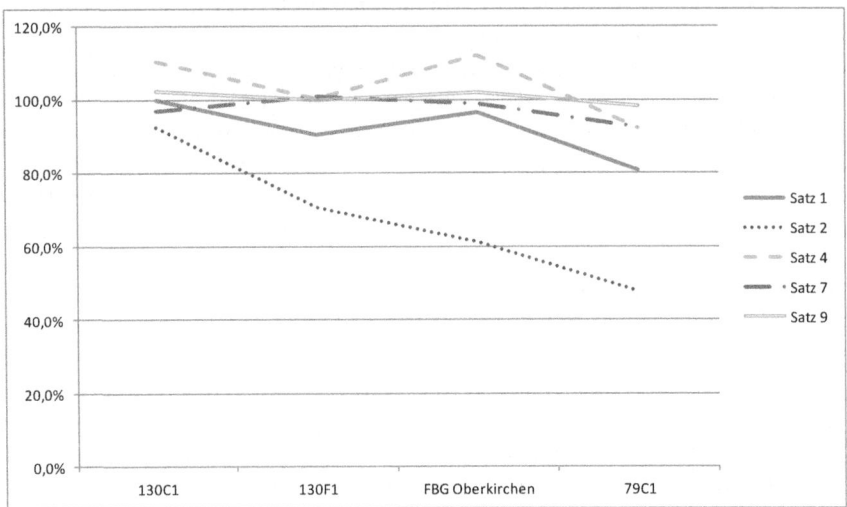

Abbildung 7.15: Grafischer Vergleich der Segmentierungsergebnisse. Angegeben ist die Anzahl der erkannten Bäume relativ zur Anzahl der auf den realen Befliegungsdaten erkannten Bäume.

8 Anwendungen

Modelldaten auf Einzelbaumebene werden in verschiedenen Anwendungen benötigt. Im Folgenden sollen exemplarisch einzelne davon vorgestellt werden.

8.1 Flugsimulator

Flugsimulatoren benötigen realistische, flächendeckende Szenarien. In aktuellen Systemen werden dabei Geo- und Fernerkundungsdaten eingesetzt, jedoch in erster Linie, um die Topografie der Landschaft zu formen und über Vegetationskarten Bäume zu platzieren.

Abbildung 8.1: Bildschirmfoto eines Flugsimulators von Lufthansa Flight Training (Bild: [Ziegler, 2011])

Abbildung 8.1 zeigt ein Beispiel eines bei Lufthansa eingesetzten Flugsimulators. Wälder sind hier visualisiert, jedoch nicht auf Einzelbaumebene, sondern als Waldblock. Dies reicht aus, um im Instrumentenflug (IFR) das Hindernis Wald zu repräsentieren, jedoch sind solche Strukturen unzureichend, wenn Schüler sich im Flug unter Sichtbedingungen (VFR) an der Landschaft orientieren sollen. Andere Systeme wie das Programm Microsoft Flight verwenden zur Landschaftsvisualisierung Bodennutzungskarten (siehe Abbildung 1.2). Mit zusätzlichen Szenerie-Paketen lässt sich der Realismus der Landschaften hier steigern.

Abbildung 8.2: Schmallenberg-Schanze in Microsoft Flight in der Standard-Szenerie (oben) und mit dem Szeneriepaket Deutschland West (mitte), Darstellungsfehler im Szeneriepaket Deutschland West (unten, A59 bei Hangelar)

Abbildung 8.2 zeigt einen Bereich in der Nähe der Bestandeseinheit 121B1, die in dieser Arbeit als Testbestand dient, in der Anwendung Microsoft Flightsimulator X mit der Standard-Szenerie und mit dem zusätzlichen Szeneriepaket Deutschland West.

Während die Wälder mit dem Szeneriepaket bereits etwas realitätsnäher wirken, erkauft man sich damit auch Nachteile. So finden sich beispielsweise auch Bäume, die zentral auf Autobahnen stehen. Das Beispiel in Abbildung 8.2 zeigt einen Autobahnabschnitt der A59 auf Höhe des Flugplatzes Hangelar.

Microsoft Flight, das im Jahr 2012 neu erschienen ist, basiert zunächst nur auf sehr kleinen Gebieten. In der Standard-Version ist gerade einmal eine Insel von Hawaii enthalten. Weitere Landschaften sollen nach und nach käuflich erwerbbar werden. Die Wälder werden hier durch eine geschickte Kombination von Bodentexturen und einzelnen 3D-Bäumen realisiert. Abbildung 8.3 zeigt ein Beispiel.

Abbildung 8.3: Walddarstellung in MS Flight

Das System X-Plane 10 hingegen platziert sämtliche Objekte in wählbaren Dichten. Selbst Straßen sind hier nicht fest vorgegeben. Lediglich markante Objekte sind an den korrekten Stellen wiedergegeben. Wälder werden als Ansammlung von gleichhohen Laub- und Nadelbäumen dargestellt. Strukturen sind nicht erkennbar.

Eagle Dynamics geht in der Simulation A-10C noch einen anderen Weg. Hier ist die großräumige Landschaft von Grafikern in einem rein manuellen Prozess mit Objekten versehen worden. In dieser Umgebung sind zwar schön gestaltete Wälder vorhanden, jedoch entsprechen diese nicht der Realität.

Abbildung 8.6 zeigt, wie ein Flugsimulator zukünftig aussehen könnte. Hier wurde die realistische Darstellung von automatisch generierten Wäldern in

VEROSIM mit dem Simulationskern des Open-Source-Flugsimulators Flight Gear verknüpft. Die Umsetzung zeigt den grafischen Gewinn durch realistische Waldlandschaften. Auch innerhalb der Wälder lassen sich hier Strukturen erkennen, sodass man sich auch im Sichtflug orientieren kann.

Abbildung 8.4: Wald in X-Plane 10

Abbildung 8.5: Wald in A-10C

Flugsimulator

Abbildung 8.6: Flugsimulator in VEROSIM

Abbildung 8.7: Drohne über einem Waldstück in VEROSIM®

Zukünftig sind auch weitere Aspekte der Waldlandschaften im Umfeld von Flugsimulatoren denkbar. So wird am Institut für Mensch-Maschine-Interaktion im Rahmen des Projektes Virtueller Wald III die Aufnahme von kleinflächigen Fernerkundungsdaten mit einer Drohne evaluiert. Dreidimensionale, georeferenzierte Waldlandschaften mit darin positionsrichtig eingeblendetem Modell der Drohne können hier als zusätzliche Orientierungshilfe dienen, um das Fluggerät auch in größerer Entfernung noch sicher bedienen zu können.

8.2 Forstsimulator

Nicht nur im Bereich der Flugausbildung hilft Simulatortechnologie, eine deutlich bessere und kostengünstigere Schulungsgrundlage zur Verfügung zu stellen. Im Bereich der Forstmaschinen sind Harvester- und Forwardersimulatoren inzwischen ein Standard in der Ausbildung, der in einigen Ländern wie zum Beispiel Österreich sogar zwingend vorgeschrieben ist. Insbesondere Gefahrensituationen können so ohne Risiko für Mensch und Maschine geübt werden. Der Forstmaschinenführer erlernt die koordinierte Bedienung der Kontrollelemente genauso wie die Grenzen der Maschine bereits, bevor er das erste Mal am Steuer der realen Maschine Platz nimmt. [Jung, Roßmann, 2007; Roßmann, Jung, 2008; Roßmann, Jung, 2010]

Neben der physikalisch korrekten Simulation der Maschine und des Erntevorgangs werden realistische Szenarien der Umgebung zum Üben benötigt. Bisher wurden diese Landschaftsmodelle in Handarbeit oder mit einfachen Hilfsmitteln erzeugt. So können realistisch anmutende Landschaften mit Programmen wie Corel Bryce erstellt werden und anschließend per Zufallsgenerator bewaldet werden. Die entstandenen Wälder hatten jedoch sowohl auf der landschaftlichen als auch insbesondere auf der Einzelbaumebene nur wenig mit der Realität gemeinsam. Wollte man ein realistisches Modell einsetzen, war weitestgehend Handarbeit gefragt. Der Boden wurde mit 3D-Programmen nach topografischen Karten modelliert, die einzelnen Bäume wurden manuell nach den Bedürfnissen platziert, um beispielsweise Rückegassen korrekt zu modellieren.

Diese sehr zeitaufwendige Arbeit konnte durch Einsatz von Geodaten und der hier vorgestellten Verfahren deutlich vereinfacht werden. Mit den hier vorgestellten Methoden können vollautomatisch großflächige Landschaftsmodelle realitätsnah erzeugt werden. Die aktuelle Generation des Forstmaschinensimulators nutzt diese Modelle bereits und erlaubt so die gezielte Auswahl von realen Beständen für das Fahrertraining. Abbildung 8.9 zeigt ein Bildschirmfoto des aktuellen Simulators.

Abbildung 8.8: Ausbildung am Harvestersimulator (Bild: T. Steil, MMI)

Abbildung 8.9: Bildschirmfoto des VEROSIM® Harvestersimulators (Bild: T. Jung, MMI)

8.3 Lokalisierungsgrundlage

Heutige kompakte Navigationssysteme im KFZ-Bereich verlassen sich bei der Positionsbestimmung meist ausschließlich auf GPS-Sensorik, die unter freiem Himmel eine Positionsgenauigkeit von ca. 5-10m liefert. Da der Abstand von zwei parallelen Straßen zueinander üblicherweise deutlich größer ist als diese Unsicherheit, reicht das GPS hier aus und die aktuelle Fahrzeugposition wird auf die nächstgelegene, in Fahrtrichtung verlaufende Straße eingerastet.

Navigation im Wald stellt hier ein größeres Problem dar. Um Holzerntemaschinen durch den Wald zu lotsen, ist eine baumgenaue Führung erforderlich, was eine deutlich höhere Positioniergenauigkeit im Vergleich zur Straßennavigation erfordert. Erschwerend kommt hinzu, dass GPS-Empfänger unter dem dichten Kronendach aufgrund von Dämpfung und Mehrfachreflexion des Satellitensignals eine erheblich ungenauere Positionsbestimmung liefern. Abweichungen von 20 und mehr Metern sind hier keine Seltenheit. Das GPS kann in diesem Umfeld lediglich eine erste grobe Positionsschätzung liefern.

Bereits in Kapitel 7 zeigte sich, dass eine Einzelbaumerkennung aus Fernerkundungsdaten in erntereifen Beständen eine gute Kartierung der einzelnen Stämme ermöglicht, sodass es nahe liegt, diese Daten als globale Kartengrundlage eines Forstnavigationssystems zu verwenden. Ein von der Forstmaschine aus beobachtetes Profil der umliegenden Bäume kann mit dieser globalen Karte verglichen werden, um die aktuelle Position des Fahrzeugs zu bestimmen (Abbildung 8.10).

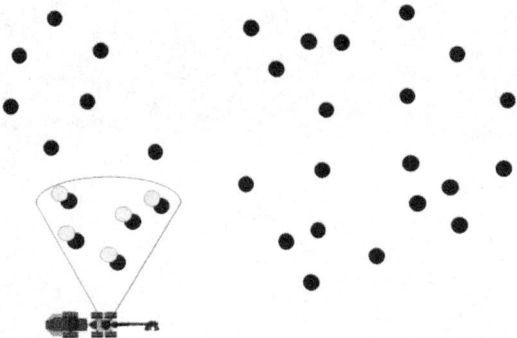

Abbildung 8.10: Lokalisierung einer Forstmaschine durch Vergleich eines lokal beobachteten Baumprofils mit der globalen Einzelbaumkarte

Roßmann hat hierzu untersucht, ab welcher Größe sich Baumgruppen innerhalb eines größeren Waldgebietes mit ca. 22700 Bäumen an Hand der Anordnung ihrer Stammfußpunkte wiederfinden lassen [RIF e.V., 2006]. Es zeigt sich, dass sich in den untersuchten Flächen bereits Gruppen von 20 Bäumen zuverlässig wiedererkennen lassen und das sogar, wenn die Stammfußpunkte der zu findenden Gruppe mit einer Standardabweichung von drei Metern zufällig gegeneinander verschoben wurden. Diese Arbeiten motivieren die Annahme, dass die Selbstähnlichkeit des Waldes hinreichend gering ist, um die Anordnung der lokal beobachteten Bäume in einem größeren Kontext wiederzufinden.

Zum Erfassen der lokalen Umgebungskarte kommen 2D-Laserscanner infrage. Aufgrund des Preises, der Auflösung und des Rauschverhaltens fiel die Wahl im Projekt Virtueller Wald auf den LD-LRS 2100 des Herstellers Sick (Abbildung 8.11). Dieser 2D-Scanner liefert die im Abstand von 0,25° gemessenen Entfernungswerte als eine Liste von Messwerten zurück. Trägt man diese Messwerte in einem Polarkoordinatensystem an, erhält man eine grafische Darstellung der Umgebung als horizontalen Schnitt auf Höhe der Scanneroptik (Abbildung 8.12).

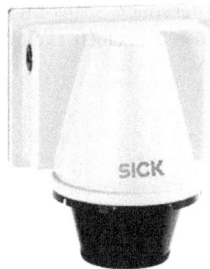

Abbildung 8.11: Laserscanner Sick LD-LRS 2100 (Bild: [Sick, 2012])

Zum einfachen Vergleich dieser Daten mit den Einzelbäumen der Kartengrundlage ist es erforderlich, die einzelnen Stämme in dieser lokalen Karte zu identifizieren. Hier bietet sich ein Template-Matching mit kreisförmigen Prototypen an. Da Bäume mit verschiedenen Durchmessern auftreten können, wird ein Satz von Templates mit verschiedenen Durchmessern benötigt (Abbildung 8.13). Auf einer rasterbasierten Karte M der Scanpunkte – im Beispiel mit einer Auflösung von 1cm x 1cm – kann dann die Kreuzkorrelation K mit diesen Templates T über folgende Faltung berechnet werden.

$$K(x,y) = \sum_{i=-10}^{10} \sum_{j=-10}^{10} T(i,j) * M(i+x, j+y) \qquad (8.1)$$

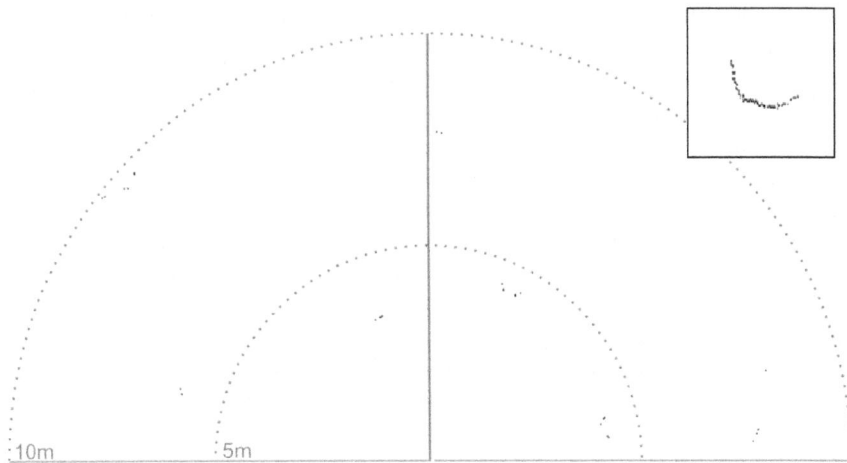

Abbildung 8.12: Messwerte eines gesamten Scans im Polarkoordinatensytem und Detail des Scans für einen einzelnen Baum in 4m Entfernung (oben rechts) (Bild: M. Emde, MMI)

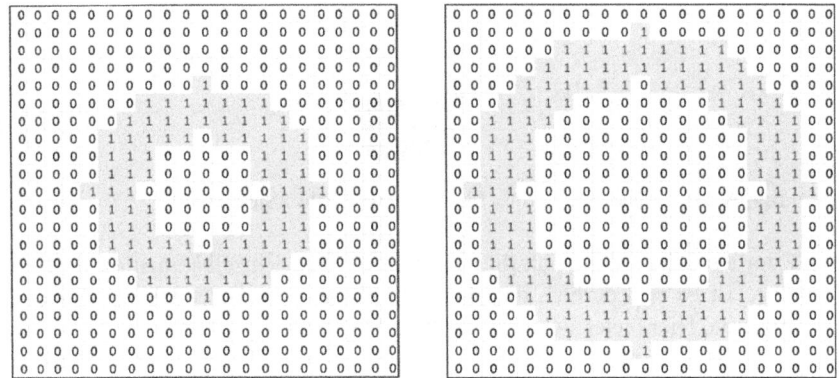

Abbildung 8.13: Die Templates für die Brusthöhendurchmesserstufen 6-12cm (links) und 12-18cm (rechts) für ein 1cm-Rasterfeld als Matrix

Durch Geäst oder Büsche kommt es häufig auch in der näheren Umgebung des Baumstammes zu Treffern. Es ist hingegen sehr unwahrscheinlich, dass Messpunkte innerhalb des Stammes auftreten. Daher bietet es sich an, die Templates entsprechend zu modifizieren und dieses Hintergrundwissen zu verwenden, indem Messwerte im Inneren des Stammes zu einem Abzug führen. Abbildung

8.14 zeigt das entsprechend modifizierte Template für die Brusthöhendurchmesser zwischen zwölf und achtzehn Zentimetern.

Abbildung 8.14: Das Template für die BHD-Stufe 12-18cm, bei dem Messwerte im Inneren des Stammes zu einem Abzug führen

Berechnet man die Kreuzkorrelation mit diesen Templates, erhält man bereits ein gutes Ergebnis, jedoch dauert die Berechnung noch relativ lange. Benutzt man Brusthöhendurchmesserstufen von sechs Zentimeter und betrachtet Bäume mit bis zu einem Meter Brusthöhendurchmesser, so würden je Punkt (x,y) der Karte M 17 Faltungsoperationen mit Matrizen von jeweils 101 x 101 Elementen durchgeführt. Bei Betrachtung eines Bereiches von 20m in jede Richtung des Sensors sind dies bereits 68 Millionen Kreuzkorrelationen, die ausgeführt werden müssen. Ziel muss es also sein, die Anzahl dieser Operationen signifikant zu verringern, um mit geringer Latenz das Ergebnis zu erhalten.

Hierfür gibt es zwei Ansatzpunkte:
- Die Templates der verschiedenen Faltungsoperationen lassen sich algorithmisch miteinander kombinieren, sodass nur noch eine Matrix betrachtet werden muss.
- Der Scanner liefert eine Liste von Messwerten in Polarkoordinaten und nicht eine rasterbasierte Karte. In dieser sehr viel kompakteren Darstellungsform ist bereits die gesamte Information enthalten. Es bietet sich also an, nicht wie beim einfachen Template-Matching (Abbildung 8.13) für jeden Punkt der Karte M eine Faltung auszuführen, sondern lediglich von den einzelnen Messpunkten in Polarkoordinaten aus zu betrachten, in welche Faltungsoperationen der jeweilige Messpunkt eingeht.

Um diese Optimierungen umzusetzen, müssen zunächst Durchmesserstufen definiert werden. Tabelle 8.1 gibt die hier im Beispiel verwendeten Stufen an. Für jedes Feld der rasterbasierten Umgebungskarte werden Zähler für die einzelnen Durchmesserstufen angelegt.

Tabelle 8.1: Durchmesserstufen für die kombinierte Faltungsoperation

Stufe	Stammdurchmesser
0	0cm bis 6cm
1	6cm bis 12cm
2	12cm bis 18cm
3	18cm bis 24cm
4	24cm bis 30cm
...	...

Nun wird für jeden Messpunkt betrachtet, für welchen Punkt seiner Umgebung er ab welcher Durchmesserstufe in die Faltung eingeht. Abbildung 8.15 gibt die entsprechende Matrix an.

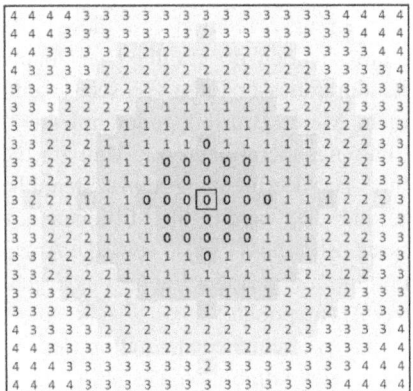

Abbildung 8.15: Matrix für die kombinierte Faltungsoperation

Diese kann wie folgt gelesen werden: Das umrahmte Feld in der Mitte der Matrix stellt den gemessenen Punkt dar. Überlagert man nun die Raster-Karte mit dieser Matrix um die Position des Messwertes herum, so bedeutet beispielsweise eine „1" über einem Feld in der Karte, dass für dieses Feld der Messwert in die BHD-Stufe 1 fällt und für die Stufen 2 und höher im Inneren des Baumes liegt. Entsprechend werden für dieses Feld der Zähler für die BHD-Stufe 1 inkrementiert und die Zähler für alle höheren Stufen dekrementiert. Diese

Operation lässt sich algorithmisch leicht umsetzen. Nach dieser Optimierung müssen nur noch 1440 Matrizen betrachtet werden, um das gleiche Rechenergebnis wie vorher bei der Faltung zu erzielen. Nach der Berechnung liegt ein Raster vor, das für jede BHD-Stufe das Ergebniss der Kreuzkorrelation zwischen den Scanergebnissen und dem jeweiligen Template angibt. In diesem Ergebnisraster können im nächsten Schritt Baumpositionen ermittelt werden.

Emde hat die hier gezeigten Algorithmen zusätzlich optimiert und durch Filter Artefakte, die z.b. durch Gebüsch oder durch Bodenerhebungen im Scanbereich entstehen, ausgeblendet [Roßmann, Schluse, et. al., 2009]. Er hat auch die Auswertung der Kreuzkorrelation optimiert, um die Berechnung eines lokalen Baumprofils in weniger als einer Sekunde zu ermöglichen und damit den Algorithmus auf einer realen Maschine nutzbar zu machen. Diese Ergebnisse sowie weitere von ihm entwickelte Ansätze zur Erkennung von Einzelbäumen aus Scannerprofilen sind derzeit noch unveröffentlicht und werden voraussichtlich in seiner Dissertation beschrieben werden.

Das Ergebnis in Form von Informationen über Einzelbäume in der Umgebung des Sensors kann über einen Partikelfilter [RIF e.V., 2006; Roßmann, Krahwinkler, Schlette, 2009] mit der globalen Einzelbaumkarte abgeglichen werden, um daraus die Position der lokalen Baumgruppe zu bestimmen. Dabei wird die aktuelle GPS-Position als initialer Startpunkt der Suche verwendet. Krahwinkler betrachtet insbesondere auch die Schwierigkeit, dass die lokal aufgenommenen Beobachtungen gegenüber der globalen Karte eine andere Orientierung aufweisen können.

Abbildung 8.16 zeigt die Realisierung des Ansatzes auf einer Forstarbeitsmaschine des Forstlichen Bildungszentrums Neheim-Hüsten. Das Verfahren, ein „Visual GPS", wurde in einem Bestand an der Exkursionsschleife der KWF-Tagung 2008 erprobt. Der mit der Zusatzsensorik ausgestattete Holzvollernter wurde dabei mehrfach im Bestand verfahren. Die Position wurde an sieben verschiedenen Positionen durch ein Vermessungsbüro terrestrisch mit großer Präzision bestimmt. Gleichzeitig wurde die hier beschriebene Positionierung mit jeweils mehreren Laser-Profilen durchgeführt und das Ergebnis mit der terrestrisch bestimmten Position verglichen. Krahwinkler stellt hier eine sehr gute Übereinstimmung zwischen den terrestrisch ermittelten und den durch das Lokalisationsverfahren berechneten Positionen fest [Roßmann, Krahwinkler, Bücken, 2009]. Der Vergleich zeigt eine durchschnittliche Abweichung von 0,559m (Abbildung 8.17).

Der Testbestand wurde zusätzlich im Rahmen des Projektes Virtueller Wald terrestrisch von Messtrupps auf Einzelbaumebene mit Stammfußpositionen und Brusthöhendurchmesser aufgenommen. Auch dieser Datensatz wurde in einer zweiten Berechnung als globale Kartengrundlage des Algorithmus verwendet. Auf diesem Datensatz wurde eine durchschnittliche Abweichung von 0,545m ermittelt.

Abbildung 8.16: Holzvollernter mit Zusatzsensorik zur Aufnahme lokaler Einzelbaumkarten (Bild: A. Boehm, RIF e.V.)

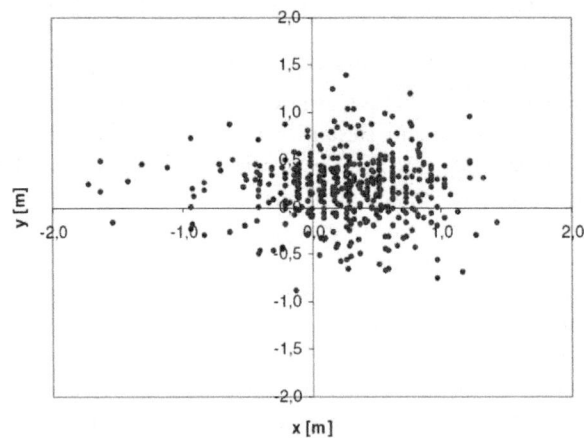

Abbildung 8.17: Abweichung der berechneten Positionen zur terrestrisch eingemessenen Position des Holzvollernters (Bild: P. Krahwinkler, MMI aus [Roßmann, Krahwinkler, Bücken, 2009])

Die Lokalisierungsergebnisse sind somit auf beiden Datengrundlagen gleichwertig. Die Ergebnisse sind ausreichend gut, um Einzelbäume in einem Wald aufzufinden. Für die tatsächliche Anwendung ist es erforderlich, dass die Kartengrundlage kostengünstig auch für großflächige Bereiche zur Verfügung gestellt werden kann. Dies ist nur durch die automatische Ableitung von Waldmodellen zum Beispiel aus Fernerkundungsdaten möglich.

M. Emde hat die von der Forstmaschine im Testbestand aufgenommenen Daten im Rahmen seiner Arbeiten zur Sensorsimulation und –visualisierung verwendet. Abbildung 8.18 zeigt eine mit seinem Verfahren erzeugte Kartendarstellung, die ein mit dem Holzvollernter im Bestand gemessenes Laserprofil vor dem Hintergrund der globalen Lokalisierungskarte darstellt. Es zeigt sich, dass nicht nur die Positionsinformation der Holzerntemaschine sehr genau ermittelt wird, sondern auch eine sehr gute Übereinstimmung zwischen den lokal gemessenen Bäumen (dunkelblau) und den Bäumen aus der globalen Navigationskarte vorliegt. Die Positionsabweichung liegt in den meisten Fällen unterhalb der Größenordnung eines Stammdurchmessers.

Abbildung 8.18: Visualisierung des Vergleichs zwischen lokale gemessenen Bäumen und der Kartengrundlage (Bild: M. Emde, MMI)

Das beschriebene Gesamtverfahren mit der Kartengrundlage aus Fernerkundungsdaten, der lokalen Baumsuche und der Lokalisierung der Beobachtung in der globalen Karte wurde im Rahmen des international ausgeschriebenen Galileo Masters Wettbewerb 2008 mit dem Preis des Landes Nordrhein-Westfalen ausgezeichnet.

8.4 Grundlage für die Baumartenklassifikation

Bereits in Kapitel 5.6 wurde die Baumartenkarte als eine Grundlage der Einzelbaumgenerierung erwähnt. Mit Hilfe von Klassifikationsalgorithmen [Krahwinkler et. al. 2011] kann eine solche Karte automatisiert erstellt werden. Um den Einfluss von möglichem Sensorrauschen sowie von Licht und Schatten innerhalb des Kronenbildes zu verringern, werden dabei die Baumarten nicht für einzelne Pixel, sondern für kleine, zusammenhängende Bereiche generiert.

In [RIF e.V. et. al., 2010] wird beschrieben, wie sich die Klassifizierung beim Übergang von regelmäßigen Rechteckrastern, die keinen Bezug zum nDOM haben, auf eine Regionenkarte, die Baumkronen möglichst gut beschreibt, verbessert. Während bei gleichmäßigen Rechteck-Rasterzellen zwar eine ausreichende Anzahl an Beispiel-Pixeln gewährleistet ist, ist nicht sichergestellt, dass die Pixel vom gleichen Baum und damit auch von der gleichen Baumart stammen. Daher ist es sinnvoll, hier auf eine Kronenkarte überzugehen. Bei Verwendung einer passenden Kronenkarte enthält jede Region sowohl Licht- als auch Schattenbereiche der gleichen Krone und stellt damit gute Voraussetzungen zur Klassifizierung bereit. Gegenüber der pixelbasierten Auswertung wird hier eine Steigerung der Genauigkeit um 21 Prozent beschrieben.

In Kapitel 5.6 wurde der Gradientenabstieg zur Bestimmung der Kronenflächen der segmentierten Bäume beschrieben. Das Ergebnis dieser Operation ist gleichzeitig eine Kronenkarte, die bei der Klassifizierung verwendet werden kann. Abbildung 8.19 zeigt eine solche Regionenkarte.

8.5 Forstliche Inventuren

Bereits in Kapitel 7.2 wurde eine Einzelbaum-basierte Inventur eingeführt und zur Evaluierung der Segmentierungsergebnisse genutzt. Dieses Verfahren kann zukünftig auch genutzt werden, um eine forstliche Inventur zu unterstützen. Bisher sind im VEROSIM® Forsteinrichtungswerkzeug Algorithmen implementiert, die Attribute des Bestandes auf Basis von Fernerkundungsdaten bestimmen und damit den Forsteinrichter im Bestand unterstützen. Zukünftig können hier Einzelbaumdaten mit einer wesentlich höheren Granularität zum Einsatz kommen.

Abbildung 8.19: Eine Regionenkarte aus dem Testgebiet

In Zeiten, in denen regenerative Energien eine Rolle spielen und CO_2-Zertifikate die Bindung von Kohlendioxid dokumentieren, ist abseits der forstlichen Nutzung auch eine Betrachtung der gesamten Biomasse eines Waldes interessant. Dieser Wert berücksichtigt nicht nur das Stammholz, sondern alle Teile des Baumes inklusive seiner Blätter.

Fehrmann und Kleinn nennen entsprechende Zusammenhänge exemplarisch für die Baumart Fichte [Fehrmann, Kleinn, 2006]:

$$Biomasse[kg] = 0{,}103 * d[cm]^{2{,}429} \quad (8.2)$$

$$Biomasse[kg] = 0{,}054 * d[cm]^{1{,}847} * h[m]^{0{,}826} \quad (8.3)$$

Die Eingangsgrößen der Formel 8.2 und 8.3 sind bereits aus Kapitel 5.6 bekannt. Der Wert Biomasse ist zur energetischen Nutzung wesentlich interessanter als der Vorratsbegriff der Einzelbauminventur und gibt gleichzeitig einen Hinweis auf die gebundene CO_2-Menge.

Abbildung 8.20: Forsteinrichter mit einem Toughbook zur Datenaufnahme (Bild: J. Saebel, RIF e.V.)

9 Zusammenfassung

Im Rahmen dieser Arbeit wurde ein Verfahren eingeführt, um großflächige, realistische Waldmodelle aus Fernerkundungsdaten effizient abzuleiten. Neben dem Verfahren wurden zwei neue Ansätze zur Einzelbaumerkennung – der Volumetrische und der Informierte Ansatz – entwickelt und eingeführt. Der Volumetrische Algorithmus konnte durch die Implementierung mithilfe eines geometrischen Verfahrens, einem Plane Sweep Algorithmus, auf eine lineare Komplexität reduziert werden. Das bedeutet auch, dass kein anderer Algorithmus zur Einzelbaumerkennung in einer besseren Komplexitätsklasse als dieser Ansatz liegen kann. Damit hängt auch die Berechnungsdauer für ein Gebiet nur noch von der Gesamtfläche und nicht vom Zerteilungsgrad des Gebietes ab.

Weiterhin wurde mit der Receiver Operator Charakteristik ein Verfahren aus dem Bereich der Signalverarbeitung in den Bereich der Auswertung von Fernerkundungsdaten transferiert. Mit diesem Ansatz konnte für die Testbaumart Fichte eine Heuristik hergeleitet werden, um großflächige Waldmodelle vollautomatisch ableiten zu können.

Die Ableitung von nicht luftsichtbaren Attributen des Einzelbaums wurde am Beispiel des Brusthöhendurchmessers und des Alters verdeutlicht. Hier wurden Stichprobendaten und flächige terrestrische Aufnahmen miteinander kombiniert, um über eine Regressionsrechnung die entsprechenden Attribute zu bestimmen.

Zur Auswertung des Ansatzes und der neuen Algorithmen wurden zunächst quantitative Einschätzungen des Segmentierungsergebnisses vorgenommen. Dabei kamen topologische Daten mit gemäßigten Punktdichten zum Einsatz. Während öffentliche Verwaltungen aktuell flächendeckend mit ein bis drei Punkten je Quadratmeter befliegen lassen, ist im Zuge der immer größer werdenden Messfrequenzen moderner Scanner davon auszugehen, dass die in dieser Arbeit genutzte Punktdichte von ca. 6-10 Punkten je Quadratmeter bereits in den nächsten Jahren großflächig zur Verfügung steht. Es zeigte sich, dass der Algorithmus bereits auf diesen Standarddaten ca. 90 Prozent der Individuen im erntereifen Nadelholz erkannte.

In einem zweiten Schritt wurde ausgewertet, wie gut die abgeleiteten Attribute die Realität beschreiben. Hierzu wurde zunächst ein Vergleich der Verteilung der Brusthöhendurchmesser zwischen den berechneten und terrestrisch erhobenen Werten durchgeführt, der eine sehr große Übereinstimmung zeigte. Da diese Vollaufnahmewerte jedoch nur flächig begrenzt zur Verfügung standen, wurde in einem zweiten Schritt auf Basis des Waldmodells, das aus den Fernerkundungsdaten hergeleitet wurde, eine forstliche Inventur gerechnet und deren Ergebnis mit einer terrestrischen Aufnahme durch mehrere Forsteinrichtungsbüros verglichen. Es zeigte sich, dass die Ergebnisse der berechneten Inventur auf dem gleichen Niveau lagen, wie die terrestrisch erhobenen Daten. Damit kann indirekt auch darauf geschlossen werden, dass insbesondere das im Rahmen der Inventurberechnung verwendete und in dieser Arbeit hergeleitete Einzelbaumattribut „Brusthöhendurchmesser" den tatsächlichen Stammdurchmesser sehr gut annähert. Die Anforderungen an das zweite verwendete Attribut Alter sind geringer, da kleinere Abweichungen auch nur zu geringen Veränderungen im Inventurergebnis führen. Trotzdem zeigte sich, dass auch die hier verwendete einfache Abschätzung bereits eine sehr gute Näherung des realen Alters angab und in 75 Prozent der Bestände das Alter um weniger als zehn Prozent vom tatsächlichen Bestandesalter abwich.

Im Rahmen einer Analyse der benötigten Qualität an Fernerkundungsdaten wurde zum einen die schlechtere Erkennungsleistung des Algorithmus auf einem fotogrammetrischen Oberflächenmodell hinterfragt. Zum anderen wurden mithilfe eines Sensorsimulationsansatzes für einen flugzeuggetragenen Laserscanner verschiedene Oberflächenmodelle für verschiedene Parametersätze abgeleitet und verglichen. Bei der Erstellung des hierfür eingesetzten virtuellen Testbeds kam im Rahmen der Berechnung eines hoch aufgelösten Oberflächenmodells auch ein im Rahmen der Arbeit neu entwickelter, effizienter fraktaler Interpolationsalgorithmus zum Einsatz.

Die Ergebnisse dieser Arbeit zeigen, dass die Einzelbaumerkennung basierend auf Fernerkundungsdaten realitätsnahe Waldmodelle liefern kann, die für Arbeitsmaschinensimulatoren oder ähnliche Anwendungen plausible Arbeitsumgebungen bereitstellen. In weiteren Schritten im Projekt Virtueller Wald sollen diese Daten auch zur forstlichen Inventur eingesetzt werden, jedoch sollen hier anstelle der in dieser Arbeit hergeleiteten ersten Attribuierungsansätze neue, im Rahmen des Projektes an der TU München entwickelte Parametrierungsvorschriften für verschiedene Baumarten zum Einsatz kommen. Hierzu wertet die Gruppe um Prof. Pretzsch nicht nur Stichproben aus, sondern verwendet beispielsweise auch Protokolldaten von Harvestern, die typische Schaftverläufe der verschiedenen Baumarten wiedergeben. Damit soll es mittelfristig möglich sein, jedem Stamm sein individuelles Derbholzvolumen zuzuordnen. In weiterführenden Arbeiten am MMI der RWTH Aachen sollen neue Modelle zu Ableitung der Ertragsklasse eines Bestandes und damit indirekt zur Ableitung eines Bestandesalters entwickelt werden.

Im Rahmen der Lokalisation eines mobilen robotischen Systems können die mit dem hier gezeigten Verfahren berechneten Waldmodelle als Kartengrundlage verwendet werden. Tests in Schmallenberg haben gezeigt, dass das Lokalisierungsergebnis basierend auf solch einem Einzelbaummodell eine durchschnittliche Positioniergenauigkeit von 55,9cm im geschlossenen Bestand erreicht, während ein Standard-GPS-System starke Abweichungen bis zu 20m liefert. Damit ist dieses „Visual-GPS" ausreichend genau, um einzelne Bäume im Bestand zu identifizieren. In nachfolgenden Arbeiten am MMI soll die zur Aufnahme einer lokalen Baumkarte eingesetzte Sensorik soweit verkleinert werden, dass es auch für Personen möglich wird, ihren Standort im Wald mit großer Genauigkeit zu bestimmen.

Anhang A – Interpolation

Wenn inhomogen verteilte oder zu gering aufgelöste Geodaten in einem regelmäßigen Raster abgebildet werden sollen, müssen Zwischenwerte gebildet werden. Hier kommen verschiedene Interpolationsverfahren zum Einsatz. Ein Beispiel ist die Berechnung eines gefilterten Bodenmodells (FDGM) aus den Daten einer Laserbefliegung. Hier werden zunächst alle Bodenbereiche, die noch Vegetationsreste oder Bauwerke enthalten, herausgefiltert. Die entstehenden Lücken müssen anschließend geschlossen werden und die unregelmäßige Punktwolke muss in ein regelmäßiges Raster transformiert werden, da dieses Grundlage für viele weiterführende Algorithmen ist. Weitere Beispiele umfassen die Berechnung von unregelmäßigen Intensitätsdaten sowie Modellgenerierungen aus Höhenlinien.

Für dieses Problem sind in der Literatur einige Lösungen beschrieben. Hier soll nur ein kleiner Ausschnitt der beschriebenen Verfahren genannt werden:

Geometrische Verfahren. Hierzu zählen beispielsweise die Delauny-Triangulation [de Berg, 2008] und die Voronoy-Interpolation. Beide Verfahren fügen zwischen bekannten Stützpunkten Kanten ein und verringern Schritt für Schritt die Maschenweite der Flächen. Nachteil des Verfahrens ist, dass es zu Artefakten kommt, wenn Kanten sichtbar bleiben.

Mathematische Approximation. Gibt es nur sehr wenige bekannte Messpunkte und soll aus diesen auf das Gelände geschlossen werden, bietet es sich an, diese Punkte als Stützpunkte einer mathematischen Funktion zu sehen und das Gelände hierdurch zu beschreiben. Hierzu wird eine Funktionsapproximation durchgeführt. Nachteil dieses Verfahrens ist, dass die bekannten Stützpunkte selbst nicht zwangsläufig korrekt im Modell enthalten sind, da es im Rahmen der Approximation auch hier zu Abweichungen kommen kann. [Press et. al., 2002]

Das Inverse Distance Weighting Verfahren [Shepard, 1968 und Lukaszyk, 2004]. Dieser Ansatz berücksichtigt für jeden Punkt eine festgelegte Anzahl der am nächsten gelegenen Stützpunkte. Aus diesen Punkten wird ein Durchschnittswert berechnet, wobei die einzelnen Stützpunkte nach der Entfernung gewichtet werden. Dieser Ansatz führt keine zusätzlichen Geometrien ein und gibt an den Stützpunkten auch die korrekten, gemessenen Höhen wieder, allerdings ist dieser Ansatz verhältnismäßig langsam, da für jeden Punkt die nächstgelegenen Stützpunkte gesucht werden müssen, und führt zu Artefakten, wenn die Anzahl der berücksichtigten Stützpunkte zu gering ist oder die Stützpunkte sehr ungleichmäßig verteilt liegen. Abbildung A.1 zeigt ein Beispiel, in dem mit dem Inverse Distance Weighting Verfahren zwischen Höhenlinien interpoliert werden sollte. Obwohl hier für jeden Punkt die nächsten 25 Stützpunkte berücksichtigt wurden, stammen diese in den meisten Fällen von einer Höhenlinie.

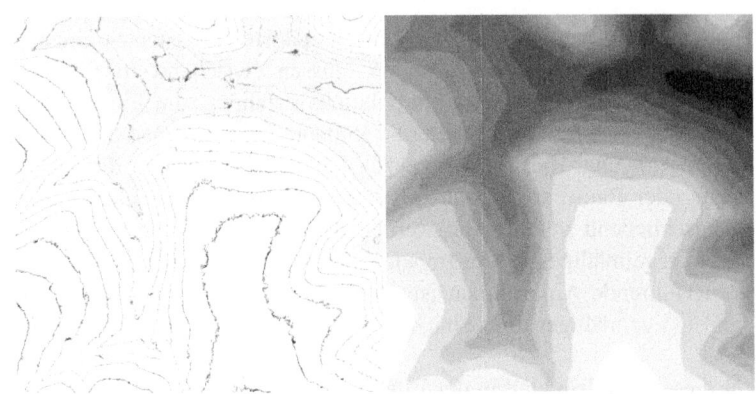

Abbildung A.1: Höhenlinien und das Ergebnis einer Interpolation mit dem Inverse Distance Weighting Verfahren

Für die Berechnungen in dieser Arbeit wurde ein Ansatz gewählt, der auf dem Inverse Distance Weighting Verfahren basiert, dieses jedoch im Bereich der Auswahl der Stützpunkte erweitert und in der Verarbeitungsgeschwindigkeit verbessert. Das neue Verfahren basiert auf der Idee der Fraktale [Mandelbrot, 1967]. Es wird zunächst eine Darstellung in einer sehr geringen räumlichen Auflösung generiert, aus der in jedem weiteren Schritt eine jeweils höher aufgelöste Variante erzeugt wird. Die Anzahl der berücksichtigten Stützpunkte variiert hierbei von Rasterzelle zu Rasterzelle, jedoch kommt mit der Richtung, in der sich die Stützpunkte befinden, eine weitere Information hinzu.

Der hier verwendete Interpolationsalgorithmus soll im Folgenden anhand eines Beispiels (Abbildung A.2) erläutert werden, bei dem die Helligkeit der Punkte interpoliert werden soll. Teilbild a) zeigt die Ausgangssituation. Das Raster hat eine Größe von 9 x 9 Feldern, wobei oben links drei weiße Felder vorhanden sind, in der Mitte neun graue Felder und unten rechts ein schwarzes Feld. Die roten Felder stellen die unbekannten Rasterzellen dar. Diese Zellen sollen aus den bekannten Werten interpoliert werden. Teilbild b) zeigt den ersten Schritt des Algorithmus. Hier wird zunächst ein minimal kleines Bild mit einer Kantenlänge von 2 Pixeln erzeugt. Jede Zelle enthält den durchschnittlichen Helligkeitswert der bekannten Punkte im jeweiligen Quadranten des ursprünglichen Bildes. Im Beispiel sind in jedem Quadranten Stützpunkte vorhanden. Enthält ein Quadrant keine bekannten Punkte, muss das entsprechende Feld in der 2x2-Matrix aus den Nachbarfeldern gemittelt werden. Hier kann der klassische Inverse Distance Weighting Algorithmus angewandt werden. Dieses Bild bildet die erste Interpolationsstufe.

Abbildung A.2: Ablauf des Interpolationsalgorithmus anhand eines Beispiels

Die folgenden Schritte werden wiederholt durchgeführt, bis schließlich die Zielauflösung erreicht wird. Zunächst werden zwischen den Zellen der letzten

Interpolationsstufe Spalten und Zeilen mit unbekannten Feldern eingefügt (Teilbild c). Nun werden die bekannten Punkte gesetzt. Dazu wird wieder jeder Rasterzelle der aktuellen Auflösung ein Bereich im ursprünglichen Bild zugewiesen. Liegen in diesem Bereich Stützpunkte, wird der Mittelwert hieraus gebildet und für die jeweilige Zelle in der aktuellen Auflösung gesetzt. Zellen, denen keinerlei Stützpunkt aus dem ursprünglichen Bild zugeordnet werden konnte, bleiben unverändert (Teilbild d). Im ungünstigsten Fall wird in diesem Schritt keine Information über Rasterzellen gewonnen, die vorher unbekannt waren. Aber selbst in diesem Fall gibt es nur zwei Arten von verbleibenden, unbekannten Zellen. Zum einen Zellen, die in einer Zeile oder Spalte mit bereits in Schritt c) bekannten Zellen liegen. Diese können aus ihren direkten Nachbarn gemittelt werden (Teilbild e). Zum anderen kann es noch unbekannte Zellen geben, die diagonal zwischen den bekannten Zellen in Schritt c) lagen. Von diesen sind nun aber auch die Werte der vier direkten Nachbarfelder bekannt und können zu einer Mittelwertbildung genutzt werden. Im Beispiel kommt dies bei der 3x3-Matrix nicht vor, da es bereits nach Schritt e) keine unbekannten Felder mehr gab. Bei den folgenden Interpolationsstufen (Teilbilder f bis i für 5x5 Felder und Teilbild j bis m für 9x9 Felder) tritt dieser Fall jedoch auf. So werden beispielsweise für die 5x5 Matrix von Teilbild h zu Teilbild i die entsprechenden Zellen interpoliert.

Dadurch, dass in jedem Schritt die Quellinformationen wieder ins Raster einfließen und dies zuletzt auch in der Zielauflösung noch geschieht, ist sichergestellt, dass Stützpunkte mit bekannter Information auch im interpolierten Bild unverändert vorkommen. Durch das schrittweise Vorgehen ist gewährleistet, dass jede unbekannte Zelle in jeder Interpolationsstufe direkt aus bekannten Nachbarn ermittelt werden kann. Es müssen also nicht erst die nächstgelegenen Stützpunkte ermittelt werden und zusätzlich ist sichergestellt, dass die verwendete Information nicht nur aus einer Richtung stammt.

Das hier vorgestellte Verfahren kann lediglich für Zielauflösungen der Größe $(2n+1) \times (2n+1)$ Zellen verwendet werden. Weicht die gewünschte Zielauflösung von diesen Stufen ab, wird das Zielraster in die nächstgrößere Stufe eingebettet und alle Zellen außerhalb des Zielrasters werden als unbekannt markiert.

Abbildung A.3 zeigt das Interpolationsergebnis des Höhenlinien-Beispiels zum Inverse Distance Weighting Verfahren. Das Ergebnis weist zwar noch immer Artefakte auf, jedoch ist es bereits sehr viel besser geeignet, um die Landschaft zu beschreiben als das ursprüngliche Ergebnis. Abbildung A.4 zeigt einen Profilschnitt durch ein so entstandenes Bodenmodell. Tabelle A.1 zeigt die Ergebnisse für unregelmäßig verteilte Stützpunkte. In diesem Beispiel wird ein

Anhang A – Interpolation

1250 x 1250 Zellen großes Beispiel betrachtet. Das linke Bild zeigt jeweils die Lage und Verteilung der bekannten Stützpunkte, im rechten Bild ist das Interpolationsergebnis zu sehen. In der ersten Zeile ist die Ausgangssituation dargestellt. Hier sind alle Punkte bekannt und es muss nicht interpoliert werden. Im Beispiel in der zweiten Zeile sind 95 Prozent der Punkte unbekannt. Die Stützpunkte wurden hierbei zufällig ausgewählt. In der dritten Zeile sind dann 99 Prozent unbekannt und in der letzten Zeile 99,99 Prozent. Es zeigt sich, dass der Algorithmus auch noch bei 99 Prozent unbekannten Zellen ein sehr gutes Ergebnis liefert, das noch eine sehr große Ähnlichkeit mit dem Ausgangsbild aufweist. Selbst im letzten Beispiel ist eine ungefähre Struktur der Landschaft noch erkennbar.

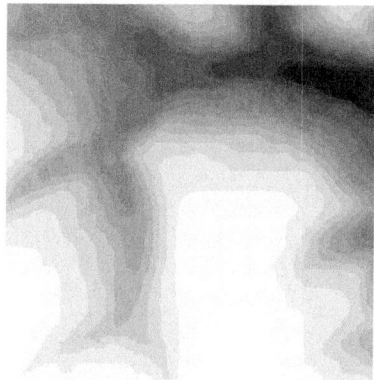

Abbildung A.3: Interpolation des Höhenmodells aus Bild A.1 mit dem fraktalen Interpolationsalgorithmus

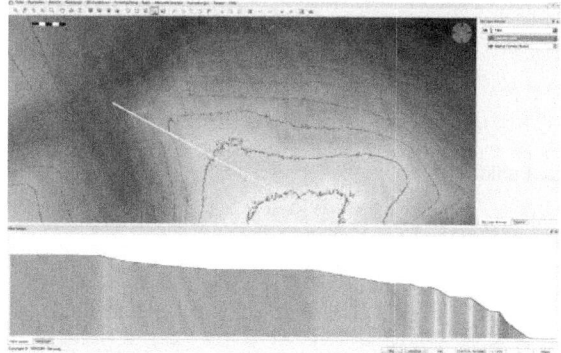

Abbildung A.4: Profilschnitt durch das interpolierte Geländemodell

Tabelle A.1: Veränderung des interpolierten Modells in Abhängigkeit der zur Verfügung stehenden Information

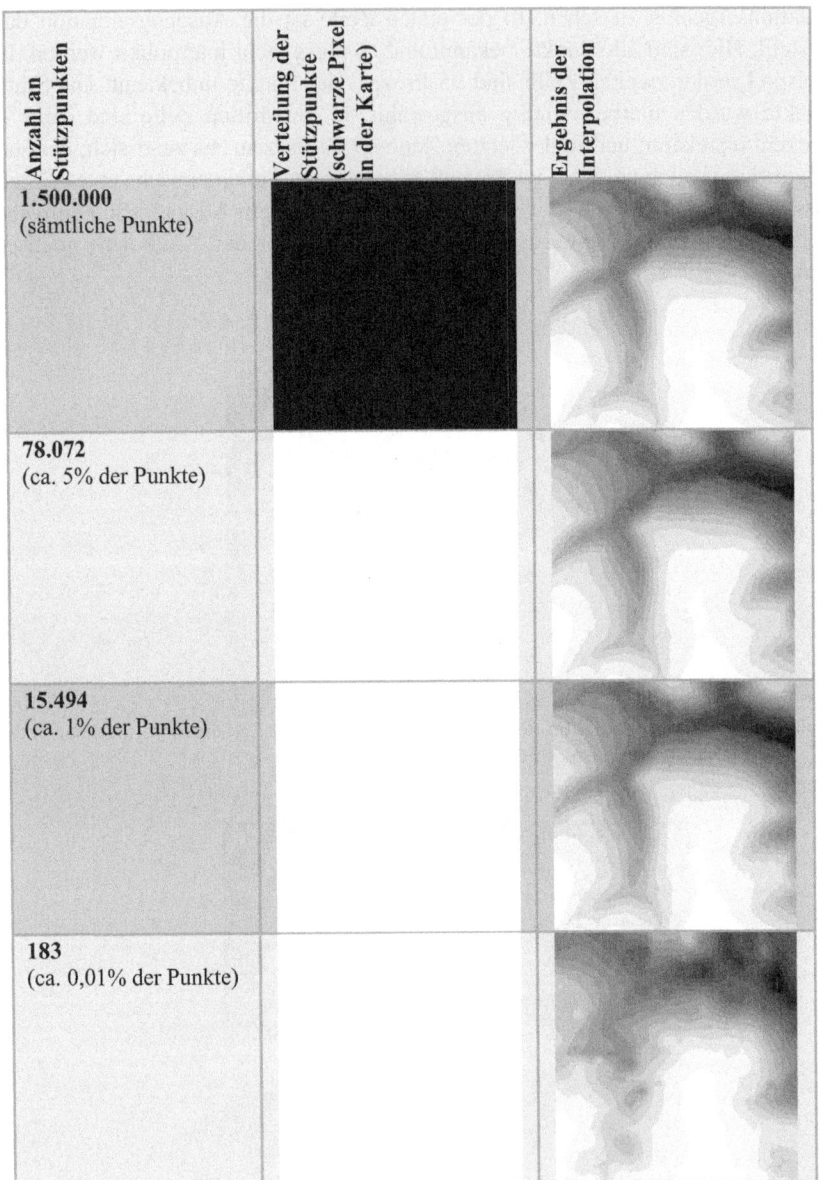

Anhang B – Regressionsergebnisse zur Einzelbaumattribuierung

In Kapitel 5.6 wurde das Vorgehen bei der Einzelbaumattribuierung von Bäumen der Baumart Fichte beschrieben. Wie dort beschrieben, stand ein Referenzdatensatz aus der Landeswaldinventur (LWI) und aus an die Landeswaldinventur angelehnten Wiederholungsaufnahmen zur Verfügung. Für 971 Bäume wurde zusätzlich zu den bekannten Parametern Höhe, Alter und Brusthöhendurchmesser die Ertragsklasse des zugehörigen Bestandes ermittelt und die Kronenschirmfläche geschätzt. Dieser Datensatz wurde als Grundlage für Regressionsrechnungen eingesetzt. Hierzu wurde das Tool Datafit von Oakdale Engineering eingesetzt. In diesem Abschnitt sollen die detaillierten Auswertungen der jeweils gewählten Funktion wiedergegeben werden.

B.1 Ableitung des Brusthöhendurchmessers aus Höhe und Kronenschirmfläche

Die Korrelationsmatrix zwischen Brusthöhendurchmesser BHD, Höhe h und Kronenschirmfläche A zeigte einen deutlichen Zusammenhang zwischen den Werten BHD und h sowie BHD und A (Tabelle B.1). Die Korrelation zwischen den beiden luftsichtbaren Eigenschaften h und A ist hingegen weniger stark ausgeprägt.

Tabelle B.1: Korrelationsmatrix zu den Werten BHD, h und A

	h	A	BHD
h	1	0,7478184412	0,8851391766
A	0,7478184412	1	0,8968172646
BHD	0,8851391766	0,8968172646	1

Im Rahmen der Regressionsrechnung mit Datafit wurden 242 verschiedene Funktionen parametriert. Davon lieferten 185 Funktionen eine Standardabweichung zwischen 3,26cm und 4,0cm. Es zeigte sich, dass die bereits in Kapitel 5.6 genannte Funktion

$$BHD = a + b*h + c*A + d*h^2 + e*A^2 + f*h*A + g*h^3 + h*A^3 + i*h*A^2 + j*h^2*A \quad (B.1)$$

die geringste Standardabweichung lieferte. Abbildung B.1 zeigt den Funktionsgraphen, Abbildung B.2 zeigt den Residuengraphen, der verdeutlicht, in welchem Wertebereich die Funktion die größten Abweichungen zwischen den Quelldaten und den Funktionsergebnissen liefert.

Tabelle B.2: Werte der Konstanten in Formel B.1

Parameter	Wert
a	0,134758834716376
b	$-6,38872262480706*10^{-3}$
c	$5,37391200303616*10^{-3}$
d	$4,10037527413944*10^{-4}$
e	$-3,26290891771389*10^{-4}$
f	$6,43778614242134*10^{-4}$
g	$-7,6951423469473*10^{-6}$
h	$1,48843462166253*10^{-6}$
i	$1,38137983019296*10^{-6}$
j	$-6,28555527339635*10^{-6}$

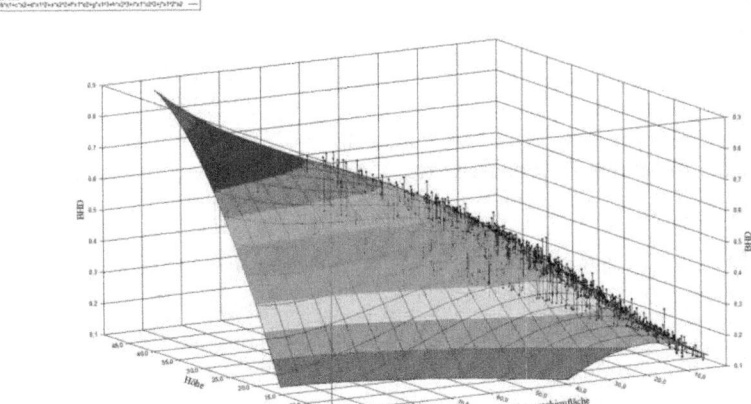

Abbildung B.1: Graph der Funktion zur Bestimmung des BHD

B.2 Ableitung des Alters aus Höhe und Kronenschirmfläche

Neben der Herleitung eines Zusammenhangs für den Brusthöhendurchmesser wurde auch versucht, eine Altersschätzung aus den luftsichtbaren Eigenschaften eines Baumes herzuleiten. Auch hier zeigte die Korrelationsmatrix (Tabelle B.3)

ähnliche Beziehungen zwischen den Variablen, allerdings ist die Abhängigkeit zwischen Kronenschirmfläche und Alter nur sehr schwach ausgeprägt.

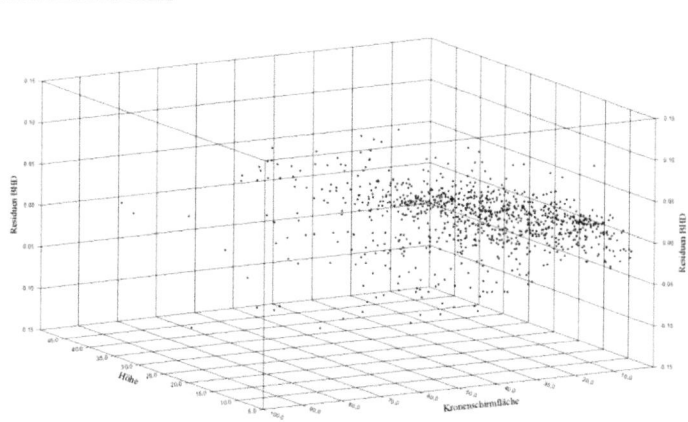

Abbildung B.2: Residuengraph zur Funktion zur Bestimmung des BHD

Tabelle B.3: Korrelationsmatrix zu den Werten Alter, h und A

	h	A	Alter
h	1	0,7386970724	0,8091086186
A	0,7386970724	1	0,5385045198
Alter	0,8091086186	0,5385045198	1

Für diese Funktion wurden 243 Funktionen parametriert. Davon wiesen 220 eine Standardabweichung zwischen 14,8 Jahren und 16 Jahren auf. In diesem Fall zeigte es sich, dass die Funktionen mit den geringsten Standardabweichungen nicht plausibel waren, da sie keine Monotonie aufwiesen. Die Wahl fiel daher auf die bereits in Kapitel 4.6 vorgestellte Funktion

$$Alter = a * h^b * A^c \qquad (B.2)$$

Tabelle B.4: Werte der Konstanten in Formel B.2

Parameter	Wert
a	0,727527302198048
b	1,40744482443879
c	0,997679428383163

Diese wies eine Standardabweichung von 15,2 Jahren auf. Auch für diese Funktion sind in Abbildung B.3 und B.4 der Graph und der Residuengraph angegeben.

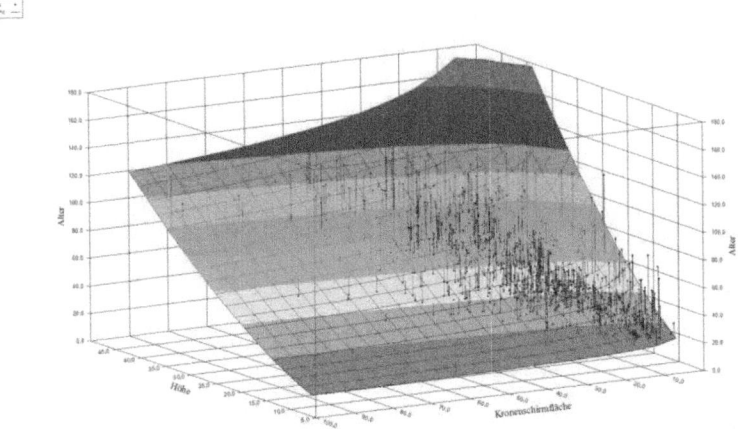

Abbildung B.3: Graph der Funktion zur Bestimmung des Alters

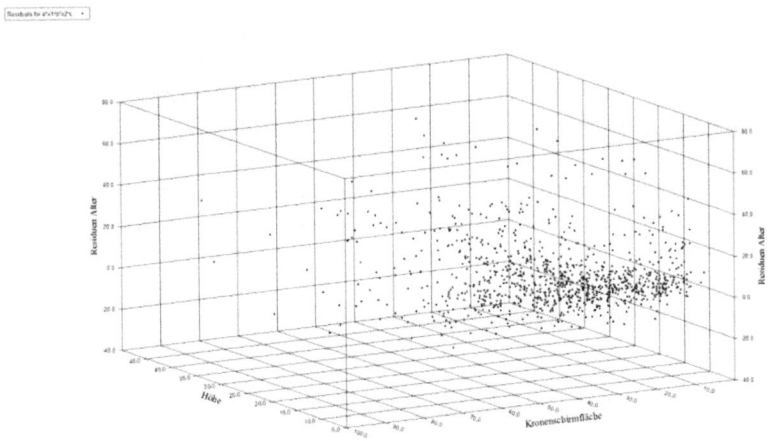

Abbildung B.4: Residuengraph zur Funktion zur Bestimmung des Alters

Anhang C – Ergebnisse der Sensorsimulation

In diesem Anhang sind die Ergebnisse der Sensorsimulation aufgelistet.

Tabelle C.1: Parameter und Ansichten des Datensatzes 1

Parameter		Detail
Punkt Abstand X:	0,4m	
Punkt Abstand y:	0,4m	
Punkt Streuung x:	2,0m	
Punkt Streuung Y:	2,0m	
Strahlaufweitung	40cm	
Auslöseschwelle:	7%	
Höhenrauschen:	0,5m	
Anteil Vögel:	0,000004	
Max. Höhe Vögel:	200	
Anteil Reflektionen:	0,01	
Übersicht:		

Tabelle C.2: Parameter und Ansichten des Datensatzes 2

Parameter		Detail
Punkt Abstand X:	1,4m	
Punkt Abstand y:	1,4m	
Punkt Streuung x:	4,0m	
Punkt Streuung Y:	4,0m	
Strahlaufweitung	80cm	
Auslöseschwelle:	7%	
Höhenrauschen:	0,5m	
Anteil Vögel:	0,000004	
Max. Höhe Vögel:	200	
Anteil Reflektionen:	0,001	
Übersicht:		

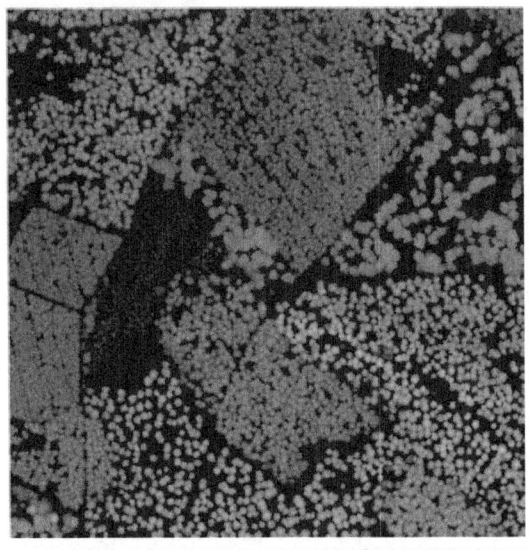

Tabelle C.3: Parameter und Ansichten des Datensatzes 3

Parameter		Detail
Punkt Abstand X:	0,28m	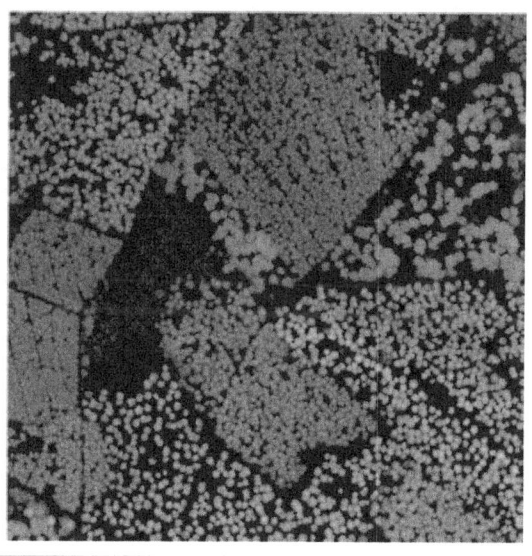
Punkt Abstand y:	0,28m	
Punkt Streuung x:	1,0m	
Punkt Streuung Y:	1,0m	
Strahlaufweitung	20cm	
Auslöseschwelle:	6%	
Höhenrauschen:	0,2m	
Anteil Vögel:	0,0000004	
Max. Höhe Vögel:	200	
Anteil Reflektionen:	0,001	
Übersicht:		

Tabelle C.4: Parameter und Ansichten des Datensatzes 4

Parameter		Detail
Punkt Abstand X:	0,2m	
Punkt Abstand y:	0,2m	
Punkt Streuung x:	1,0m	
Punkt Streuung Y:	1,0m	
Strahlaufweitung	10cm	
Auslöseschwelle:	6%	
Höhenrauschen:	0,2m	
Anteil Vögel:	0,0000004	
Max. Höhe Vögel:	200	
Anteil Reflektionen:	0,001	
Übersicht:		

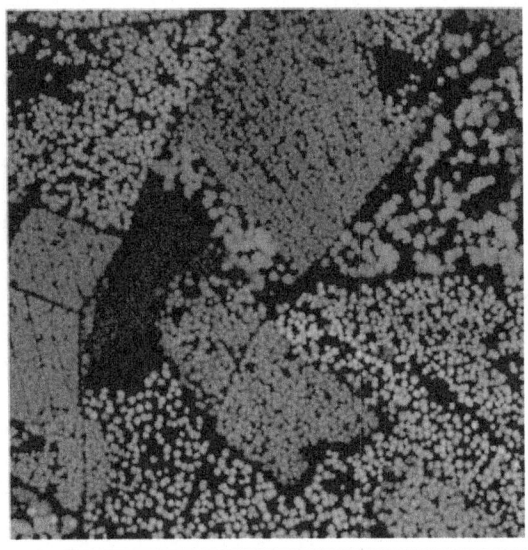

Tabelle C.5: Parameter und Ansichten des Datensatzes 5

Parameter		Detail
Punkt Abstand X:	0,5m	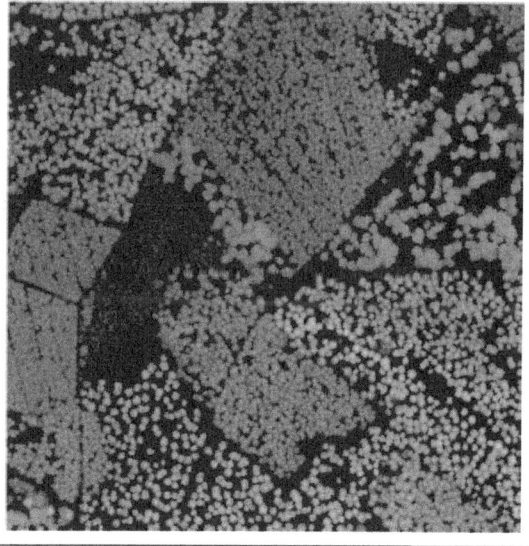
Punkt Abstand y:	0,1m	
Punkt Streuung x:	1,0m	
Punkt Streuung Y:	1,0m	
Strahlaufweitung	20cm	
Auslöseschwelle:	6%	
Höhenrauschen:	0,2m	
Anteil Vögel:	0,0000004	
Max. Höhe Vögel:	200	
Anteil Reflektionen:	0,001	
Übersicht:		

Tabelle C.6: Parameter und Ansichten des Datensatzes 6

Parameter		Detail
Punkt Abstand X:	0,66m	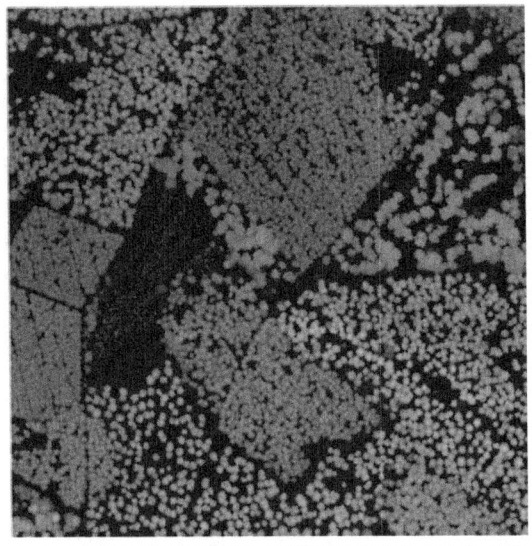
Punkt Abstand y:	0,25m	
Punkt Streuung x:	1,0m	
Punkt Streuung Y:	1,0m	
Strahlaufweitung	20cm	
Auslöseschwelle:	6%	
Höhenrauschen:	0,2m	
Anteil Vögel:	0,0000004	
Max. Höhe Vögel:	200	
Anteil Reflektionen:	0,001	
Übersicht:		

Tabelle C.7: Parameter und Ansichten des Datensatzes 7

Parameter		Detail
Punkt Abstand X:	0,5m	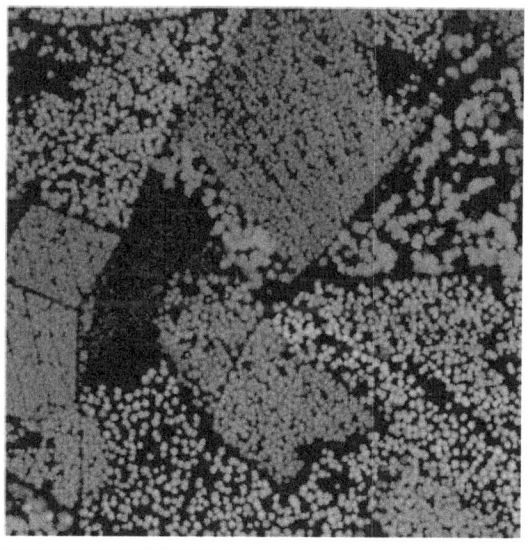
Punkt Abstand y:	0,4m	
Punkt Streuung x:	0,2m	
Punkt Streuung Y:	0,2m	
Strahlaufweitung	5cm	
Auslöseschwelle:	15%	
Höhenrauschen:	0,01m	
Anteil Vögel:	4E-10	
Max. Höhe Vögel:	50	
Anteil Reflektionen:	1E-10	

Übersicht:

Tabelle C.8: Parameter und Ansichten des Datensatzes 8

Parameter		Detail
Punkt Abstand X:	0,25m	
Punkt Abstand y:	0,2m	
Punkt Streuung x:	0,1m	
Punkt Streuung Y:	0,1m	
Strahlaufweitung	5cm	
Auslöseschwelle:	15%	
Höhenrauschen:	0,01m	
Anteil Vögel:	1E-10	
Max. Höhe Vögel:	50	
Anteil Reflektionen:	1E-10	
Übersicht:		

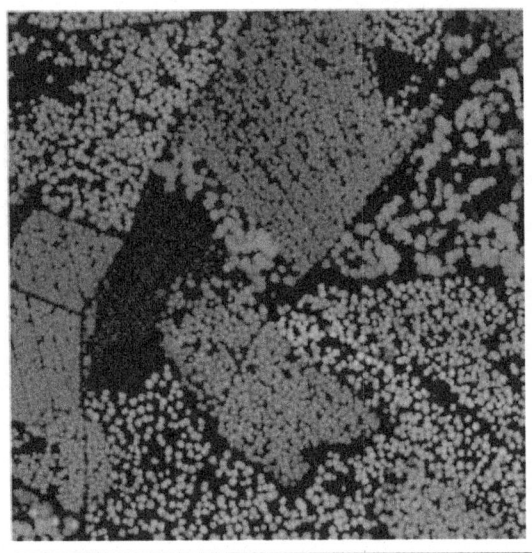

Tabelle C.9: Parameter und Ansichten des Datensatzes 9

Parameter		Detail
Punkt Abstand X:	0,5m	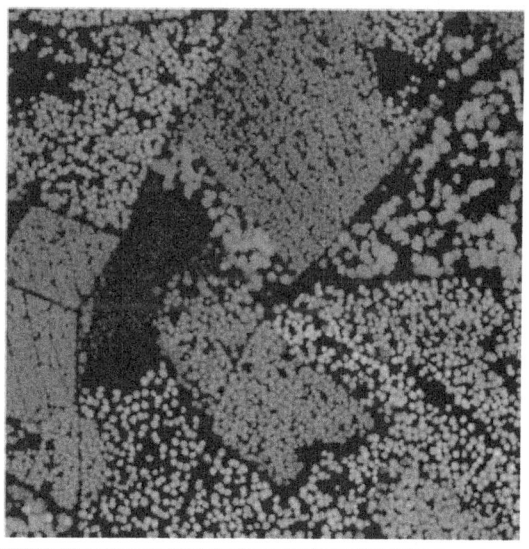
Punkt Abstand y:	0,4m	
Punkt Streuung x:	0,2m	
Punkt Streuung Y:	0,2m	
Strahlaufweitung	3cm	
Auslöseschwelle:	3%	
Höhenrauschen:	0,01m	
Anteil Vögel:	1E-10	
Max. Höhe Vögel:	50	
Anteil Reflektionen:	1E-10	
Übersicht:		

Tabelle C.10: Parameter und Ansichten des Datensatzes "reale Flugdaten"

Parameter	Detail
Punkt Abstand X:	
Punkt Abstand y:	
Punkt Streuung x:	
Punkt Streuung Y:	
Strahlaufweitung	
Auslöseschwelle:	
Höhenrauschen:	
Anteil Vögel:	
Max. Höhe Vögel:	
Anteil Reflektionen:	
Übersicht:	

Abbildungsverzeichnis

Abbildung 1.1: Grafische Entwicklung der Microsoft Flugsimulatoren und deren Vorgänger Sublogic Flight Simulator 1

Abbildung 1.2: Verwendung von Bodennutzungs- und Vegetationskarten in Microsoft Flight. Die Übergänge zwischen verschiedenen Landnutzungszonen bestehen aus Polygonen. Straßen und Gebäude werden geschnitten. 2

Abbildung 1.3: Verschiedene kommerzielle Simulatoren 3

Abbildung 2.1: Vergleich der Ergebnisse von Briese [Briese, 1999] (links) mit den für diese Arbeit zur Verfügung stehenden Geländemodellen (rechts) 17

Abbildung 2.2: Forstbetriebskarte (Bild:[Landesbetrieb Wald und Holz NRW, 2011]) 19

Abbildung 2.3: Bestandeseinheiten der Forsthierarchie (oben) und Open Street Map-Geometrien (unten) in Vergleich mit einem Luftbild 20

Abbildung 3.1: Lage des Testgebietes Glindfeld 27

Abbildung 3.2: Räumliche Verteilung der Messpunkte des Falcon II Scanners im Testgebiet Glindfeld (Ausschnitt von 500m x 500m). Weiß: Nicht getroffene Rasterzellen 31

Abbildung 3.3: Das Befliegungsgebiet Schmallenberg im Sauerland 32

Abbildung 3.4: Punktdichte im Befliegungsgebiet Schmallenberg vor und nach der Ergänzungsbefliegung 33

Abbildung 3.5: Abbildungsfehler in den HRSC-Bildern, zu erkennen sind die Farbsäume zwischen den Bäumen 36

Abbildung 3.6: Das Testgebiet Arnsberg 37

Abbildung 3.7: Lage des Gebietes zur MFC- und Hyperspektralbefliegung 38

Abbildung 3.8: Kronenausformungen vor (links) und nach Aufweitung (rechts) des prozessierten Laser-Öffnungswinkels 40

Abbildung 3.9: Punktdichten vor (links) und nach Aufweitung (rechts) des prozessierten Laser-Öffnungswinkels 40

Abbildung 3.10: Parallaxenfehler in den Daten der Ultracam, eingezeichnet sind einige Stämme vom Stammfußpunkt (erkennbar am Schatten) bis zur Baumspitze 41

Abbildung 3.11: Artefakte bei der True Ortho-Prozessierung 42

Abbildung 3.12: Das Testgebiet Hoppengarten 43

Abbildung 3.13: Normalisiertes Oberflächenmodell eines Ausschnitts des Testgebietes Hoppengarten in der ursprünglich gelieferten Prozessierung (links) und nach der Neuberechnung (rechts) 45

Abbildung 3.14: Karte des beflogenen Gebietes im Kreis Steinfurt 46

Abbildung 4.1: Der Open-Street-Map Datensatz Waldgrenzen als Vektordatensatz über dem entsprechenden True-Ortho-Foto im Testgebiet Hoppengarten 51

Abbildung 4.2: Beispiel einer Generalisierung (Bild: [RIF e.V. et. al., 2010]) 53

Abbildung 5.1: Differenzmodells eines Bestandes mit einem Toposys- (links) und einem Riegl-Scanner (rechts) aufgenommen 58

Abbildung 5.2: Ausschnitt aus dem Differenzmodell des Anbieters Milan Geoservice vor und nach der Filterung 59

Abbildung 5.3: Rechenweg des Wasserscheiden-Algorithmus. a) Baummodell, b) zugehörige Einhüllende, c) lokale Maxima, d) Rechenergebnis, e) Kartdarstellung der einzelnen Flächensegmente 59

Abbildung 5.4: Zuordnung des Volumens, visualisiert an einer Schnittgrafik durch die Einhüllende eines Baumes 61

Abbildung 5.5: Beispielhafter Ablauf des Volumetrischen Algorithmus als Flusssimulation 62

Abbildung 5.6: Ablaufdiagramm des Volumetrischen Algorithmus 64

Abbildung 5.7: Die Flusssimulation des ersten Schrittes aus dem Beispiel in Abbildung 5.5 65

Abbildung 5.8: Beispielablauf des Plane Sweep Algorithmus 67

Abbildung 5.9: Ablaufdiagramm des Plane Sweep Algorithmus 69

Abbildungsverzeichnis

Abbildung 5.10: Laubwald im normalisierten Oberflächenmodell ... 70

Abbildung 5.11: Der Zusammenhang zwischen Alter (Zeilenköpfe), Ertragsklasse (Spaltenköpfe) und Oberhöhe (Werte) für die Baumart Fichte (Bild: [Spelsberg, 2009]) ... 72

Abbildung 5.12: Vorgehen des informierten Algorithmus an einem Beispiel ... 74

Abbildung 5.13: Bedeutung der Kraftschen Klassen (Bild: [Kraft, 1884]) ... 75

Abbildung 5.14: Ablaufdiagramm für den informierten Algorithmus ... 76

Abbildung 5.15: Ein idealer und ein realer ROC-Graph ... 81

Abbildung 5.16: Selektionsstrategien im ROC-Graph ... 82

Abbildung 5.17: Lage der Referenzbestände in Schmallenberg-Schanze ... 83

Abbildung 5.18: Entstehung der Referenzdaten-Karte ... 85

Abbildung 5.19: ROC-Graph für Testbestand 4, basierend auf 2000 Schwellenwerten ... 86

Abbildung 5.20: Relation zwischen Schwellenwerten und Oberhöhe (oben), beziehungsweise Schwellenwerten und Bestockungsgrad (unten) ... 87

Abbildung 5.21: Vorgehen zur Ableitung von Zusammenhängen von BHD und Alter aus den Attributen Höhe und Kronendurchmesser ... 90

Abbildung 6.1: 2D-Visualisierung der Segmentierungsergebnisse vor dem Luftbild der Bestandeseinheit ... 94

Abbildung 6.2: 3D-Visualisierung der Segmentierungsergebnisse als Säulen ... 94

Abbildung 6.3: Visualisierung von Bäumen als gekreuzte statische Texturen in einem Harvestersimulator. Ansicht des Fahrers und Vogelperspektive ... 96

Abbildung 6.4: Visualisierung der Segmentierungsergebnisse mit Hilfe von 3D-Modellen ... 97

Abbildung 6.5: Schattenkarte zu einem Waldausschnitt (Sonnenschein aus Richtung Süden) ... 98

Abbildung 6.6: Eine detaillierte Ansicht eines Waldes mit Schattendarstellung und Bodenbewuchs ... 98

Abbildung 7.1: Lageabweichung von Bäumen der terrestrischen Vollaufnahme (rot) gegenüber dem nDOM der Laserscannerbefliegung und den segmentierten Bäumen (blau) 100

Abbildung 7.2: Die drei als Berechnungsgrundlage verwendeten Datensätze – links das LIDAR nDOM in Höhenschattierung, in der Mitte das fotogrammetrische nDOM in Höhenschattierung und rechts das Luftbild in Graustufen 102

Abbildung 7.3: Erkennungsergebnis auf den Luftbildern in Glindfeld. Bekannte Positionen sind mit einem Kreis, segmentierte Positionen mit einem gefüllten weißen Punkt dargestellt. [Roßmann, Bücken, 2008] 103

Abbildung 7.4: Vergleich der Luftbilder aus der Toposys-Befliegung in Glindfeld (links) und aus der Befliegung mit der HRSC-Kamera 2007 (rechts) 104

Abbildung 7.5: Histogramm zum Vergleich der terrestrisch ermittelten Brusthöhendurchmesser (dunkelgrau) mit den berechneten (hellgrau) 107

Abbildung 7.6: Vorrat für verschiedene Beispielbestände aus der Summe der Einzelbaumvolumina 109

Abbildung 7.7: Überschätzung der Baumhöhe bei starker Hanglage 115

Abbildung 7.8: Fotogrammetrisches (links) und Laser-Oberflächenmodell (rechts) eines Ausschnittes des Bestandes 121B1 in Schmallenberg-Schanze 116

Abbildung 7.9: Musterbestand aus Modellbaufichten 117

Abbildung 7.10: Mehrfach-Überdeckung eines Modellwaldes bei einer simulierten Ultracam-Befliegung. Weiß: mindestens vierfache Überdeckung, Grün: dreifache Überdeckung, Gelb: zweifache Überdeckung, Rot: Einfache Überdeckung 117

Abbildung 7.11: Oberflächenmodell der fotogrammetrischen Prozessierung der Befliegung in Hoppengarten (Bilder: [Bucher, 2012]) 119

Abbildung 7.12: Punktwolke eines terrestrischen Laserscans eines Bestandes (Bild: M. Emde, MMI) 120

Abbildung 7.13: Lage der betrachteten Fläche im Testgebiet Schmallenberg 121

Abbildungsverzeichnis 173

Abbildung 7.14: Verteilung der Messpunkte beim Toposys Falcon-II. Links: geometrische Lage und Strahldurchmesser der Messpunkte. Rechts: Dichtekarte der Treffer, weiß markiert sind nicht getroffene Flächen von je einem Quadratmeter Größe 122

Abbildung 7.15: Grafischer Vergleich der Segmentierungsergebnisse. Angegeben ist die Anzahl der erkannten Bäume relativ zur Anzahl der auf den realen Befliegungsdaten erkannten Bäume. 126

Abbildung 8.1: Bildschirmfoto eines Flugsimulators von Lufthansa Flight Training (Bild: [Ziegler, 2011]) 127

Abbildung 8.2: Schmallenberg-Schanze in Microsoft Flight in der Standard-Szenerie (oben) und mit dem Szeneriepaket Deutschland West (mitte), Darstellungsfehler im Szeneriepaket Deutschland West (unten, A59 bei Hangelar) 128

Abbildung 8.3: Walddarstellung in MS Flight 129

Abbildung 8.4: Wald in X-Plane 10 130

Abbildung 8.5: Wald in A-10C 130

Abbildung 8.6: Flugsimulator in VEROSIM 131

Abbildung 8.7: Drohne über einem Waldstück in VEROSIM® 131

Abbildung 8.8: Ausbildung am Harvestersimulator (Bild: T. Steil, MMI) 133

Abbildung 8.9: Bildschirmfoto des VEROSIM® Harvestersimulators (Bild: T. Jung, MMI) 133

Abbildung 8.10: Lokalisierung einer Forstmaschine durch Vergleich eines lokal beobachteten Baumprofils mit der globalen Einzelbaumkarte 134

Abbildung 8.11: Laserscanner Sick LD-LRS 2100 (Bild: [Sick, 2012]) 135

Abbildung 8.12: Messwerte eines gesamten Scans im Polarkoordinatensytem und Detail des Scans für einen einzelnen Baum in 4m Entfernung (oben rechts) (Bild: M. Emde, MMI) 136

Abbildung 8.13: Die Templates für die Brusthöhendurchmesserstufen 6-12cm (links) und 12-18cm (rechts) für ein 1cm-Rasterfeld als Matrix 136

Abbildung 8.14: Das Template für die BHD-Stufe 12-18cm, bei dem Messwerte im Inneren des Stammes zu einem Abzug führen 137

Abbildung 8.15: Matrix für die kombinierte Faltungsoperation 138

Abbildung 8.16: Holzvollernter mit Zusatzsensorik zur Aufnahme lokaler Einzelbaumkarten (Bild: A. Boehm, RIF e.V.) 140

Abbildung 8.17: Abweichung der berechneten Positionen zur terrestrisch eingemessenen Position des Holzvollernters (Bild: P. Krahwinkler, MMI aus [Roßmann, Krahwinkler, Bücken, 2009]) 140

Abbildung 8.18: Visualisierung des Vergleichs zwischen lokale gemessenen Bäumen und der Kartengrundlage (Bild: M. Emde, MMI) 141

Abbildung 8.19: Eine Regionenkarte aus dem Testgebiet 143

Abbildung 8.20: Forsteinrichter mit einem Toughbook zur Datenaufnahme (Bild: J. Saebel, RIF e.V.) 144

Abbildung A.1: Höhenlinien und das Ergebnis einer Interpolation mit dem Inverse Distance Weighting Verfahren 150

Abbildung A.2: Ablauf des Interpolationsalgorithmus anhand eines Beispiels 151

Abbildung A.3: Interpolation des Höhenmodells aus Bild A.1 mit dem fraktalen Interpolationsalgorithmus 153

Abbildung A.4: Profilschnitt durch das interpolierte Geländemodell 153

Abbildung B.1: Graph der Funktion zur Bestimmung des BHD 156

Abbildung B.2: Residuengraph zur Funktion zur Bestimmung des BHD 157

Abbildung B.3: Graph der Funktion zur Bestimmung des Alters 158

Abbildung B.4: Residuengraph zur Funktion zur Bestimmung des Alters 158

Tabellenverzeichnis

Tabelle 2.1:	Ergebnisse der fünf von Pitkänen et. al. untersuchten Verfahren [Pitkänen, Maltamo, et. al. 2004]	12
Tabelle 2.2:	Untersuchungsergebnisse von Suarez et. al. [Garcia, Suarez, Pattenaude, 2007]	12
Tabelle 2.3:	Untersuchungsergebnisse von Reitberger [Reitberger, 2010]	14
Tabelle 2.4:	Übersicht über den Stand der Technik bei den Einzelbaumalgorithmen	15
Tabelle 2.5:	Stammvolumen für die Baumarten Kiefer, Fichte und Birke nach Hyyppä und Inkinnen [Hyyppä, Inkinnen, 1999]	22
Tabelle 2.6:	Parameter der erweiterten Denzin-Gleichung zur Holzvolumenberechnung nach [Rast, 2012]	23
Tabelle 2.7:	Freie Parameter der Brusthöhenformel	23
Tabelle 2.8:	Baumartenspezifische Parameter der Funktion zur Ermittlung der Kronenansatzhöhe	24
Tabelle 2.9:	Koeffizienten für die Baumart Fichte nach [Schmidt, 2001]	25
Tabelle 3.1:	Auflösungen bei der Befliegung Glindfeld	30
Tabelle 3.2:	Ausrichtung der Sensorzeilen bei der HRSC-AX	34
Tabelle 3.3:	Auflösungen bei der Befliegung Schmallenberg	35
Tabelle 3.4:	Auflösungen bei der Befliegung Arnsberg	38
Tabelle 3.5:	Auflösungen bei der Befliegung Hoppengarten	44
Tabelle 3.6:	Auflösungen bei der Befliegung Steinfurt	46
Tabelle 5.1:	Receiver Operator Charakteristik: Einteilung der Testwerte in verschiedene Klassen	79
Tabelle 5.2:	Daten der Referenzbestände	84
Tabelle 5.3:	Daten der Referenzbestände	86
Tabelle 5.4:	Werte der Konstanten in Formel 5.19	91

Tabellenverzeichnis

Tabelle 5.5:	Werte der Konstanten in Formel 5.20	92
Tabelle 7.1:	Erkennungsergebnisse der verschiedenen Algorithmen auf den 14 Teilflächen in BE 121B1 in Schmallenberg-Schanze	101
Tabelle 7.2:	Segmentierungsergebnisse der acht Testbestände in Arnsberg	106
Tabelle 7.3:	Ergebnisse der Bestandesinventur in Schmallenberg-Schanze	112
Tabelle 7.4:	Abweichungen durch den Algorithmus und die vier Forsteinrichtungsbüros im Testgebiet Schmallenberg-Schanze	114
Tabelle 7.5:	Übersicht über die verwendeten Parametersätze	124
Tabelle 7.6:	Segmentierungsergebnisse auf den Musterdatensätzen	126
Tabelle 8.1:	Durchmesserstufen für die kombinierte Faltungsoperation	138
Tabelle A.1:	Veränderung des interpolierten Modells in Abhängigkeit der zur Verfügung stehenden Information	154
Tabelle B.1:	Korrelationsmatrix zu den Werten BHD, h und A	155
Tabelle B.2:	Werte der Konstanten in Formel B.1	156
Tabelle B.3:	Korrelationsmatrix zu den Werten Alter, h und A	157
Tabelle B.4:	Werte der Konstanten in Formel B.2	157
Tabelle C.1:	Parameter und Ansichten des Datensatzes 1	159
Tabelle C.2:	Parameter und Ansichten des Datensatzes 2	160
Tabelle C.3:	Parameter und Ansichten des Datensatzes 3	161
Tabelle C.4:	Parameter und Ansichten des Datensatzes 4	162
Tabelle C.5:	Parameter und Ansichten des Datensatzes 5	163
Tabelle C.6:	Parameter und Ansichten des Datensatzes 6	164
Tabelle C.7:	Parameter und Ansichten des Datensatzes 7	165
Tabelle C.8:	Parameter und Ansichten des Datensatzes 8	166
Tabelle C.9:	Parameter und Ansichten des Datensatzes 9	167
Tabelle C.10:	Parameter und Ansichten des Datensatzes "reale Flugdaten"	168

Abkürzungsverzeichnis

ATKIS	Amtliches Topografisch-Kartografisches Informationssystem
BG	Bestockungsgrad, ein forstlicher Kalibrierungsfaktor, mit dem beschrieben wird, wie dicht ein Bestand ist
BHD	Brusthöhendurchmesser, Stammdurchmesser in 1,30m Höhe
CIR	Color-Infrared, ein Bild, bei dem die Information eines Infrarot-Bandes im ersten Kanal, die des Rotkanals im zweiten und die des Grünkanals im dritten abgelegt sind
CORINE	Coordinated Information on the European Environment, ein Programm, in dessen Rahmen eine Oberflächenkartierung erfolgt
DGM	Digitales Geländemodell
D-GPS	Differential Global Positioning System, satellitengestütztes Lokalisierungssystem mit Korrektursignal
DOM	Digitales Oberflächenmodell
EKL	Ertragsklasse, ein forstliches Maß, um die Wuchsleistung für einen Standort für eine bestimmte Baumart zu beschreiben
FDGM	Aufgefülltes digitales Geländemodell, ein Geländemodell, bei dem eventuelle Lücken durch Interpolation geschlossen wurden
Geobasis.nrw	Abteilung 7 der Bezirksregierung Köln, Amt für amtliche Geobasisdaten
GPS	Global Positioning System, satellitengestütztes Lokalisierungssystem
HALCON	Eine Software zur Bildverarbeitung
HRSC	High Resolution Stereo Camera, eine Luftbildkamera
HSL	Hue Saturation Luminance, ein Farbraum, der Farben mit Hilfe des Farbtons, der Farbsättigung und der Helligkeit beschreibt
IFR	Instrument Flight Rules, Regeln für Instrumentenflug

KWF	Kuratorium für Waldarbeit und Forsttechnik
LIDAR	Light Detection and Ranging, Verfahren des Laserscannens
MH	Mittelhöhe, die durchschnittliche Höhe derjenigen Bäume, die eine für den Bestand typische Querschnittsfläche auf Höhe des Brusthöhendurchmessers aufweisen
nDOM	Normalisiertes Digitales Oberflächenmodell
OSM	Open Street Map
RGB	Red Green Blue, ein Farbraum für Bildinformationen, Standard bei additiver Farbmischung
ROC	Receiver-Operator-Charakteristik
SRTM	Shuttle Radar Topography Mission, Vermessung der Erdoberfläche vom amerikanischen Space-Shuttle aus
SVN	Support Vector Machine, ein Ansatz für maschinelles Lernen
VEROSIM	Virtual Enviroments and Robot Simulation, ein Simulationsprogramm
VFR	Visual Flight Rules, Regeln für den Sichtflug
VR	Virtual Reality

Verzeichnis der Formelzeichen

A	Kronenschirmfläche
Alter	Das Alter eines Baumes
BG	Bestockungsgrad, ein forstlicher Kalibrierungsfaktor, mit dem beschrieben wird, wie dicht ein Bestand ist
C	Kandidatenmenge der Receiver-Operator-Charakteristik
d	Brusthöhendurchmesser
D	Menge der detektierten Messpunkte (Receiver-Operator-Charakteristik)
FN	Menge der falsch negativen Elemente (Receiver-Operator-Charakteristik)
FP	Menge der falsch positiven Elemente (Receiver-Operator-Charakteristik)
FP-Rate	Fehlalarm-Rate (Receiver-Operator-Charakteristik)
h	Baumhöhe
H_{100}	Oberhöhe, die durchschnittliche Höhe der 100 stärksten Bäume der jeweiligen Baumart im Bestand
h_{rel}	Relative Höhe (eines Punktes im Stamm, bezogen auf die Gesamthöhe des Baumes)
i	Zähler
K(x,y)	Element der Korrelationsmatrix an Position (x,y)
Ka	Kronenansatzhöhe
L	Kronendurchmesser
M(x,y)	Karteelement an Position (x,y)
n	Anzahl der betrachteten Elemente
N	Menge der negativen Messpunkte (Receiver-Operator-Charakteristik)

ND	Menge der nicht detektierten Messpunkte (Receiver-Operator-Charakteristik)
n_{max}	Anzahl lokaler Maxima
P	Menge der positiven Messpunkte (Receiver-Operator-Charakteristik)
r	Radius
s	Anzahl Schritte
T(x,y)	Element des Templates an Position (x,y)
TN	Menge der richtig negativen Elemente (Receiver-Operator-Charakteristik)
TP	Menge der richtig positiven Elemente (Receiver-Operator-Charakteristik)
TP-Rate	Trefferrate (Receiver-Operator-Charakteristik)
V	Volumen

Literaturverzeichnis

Asche, N.; Schulz, R. (2006): Forstliche Standortklassifizierung mit digitalen Werkzeugen in Nordrhein-Westfalen. Landesbetrieb Wald und Holz, NRW. Recklinghausen, Deutschland. Online verfügbar unter http://www.wald-und-holz.nrw.de/30Wald_und_Beratung/Forstliche_Standorterkundung/staka_klassifikation.pdf, zuletzt geprüft am 18.01.2012.

Ather, Aamer (2009): A Quality Analysis of OpenStreetMap Data. Dissertation. University College London, London. Department of Civil, Environmental & Geomatic Engineering. Online verfügbar unter ftp://ftp.cits.rncan.gc.ca/pub/cartonat/Reference/VGI/Dissertation-OpenStreepMap-Quality-Aather-2009.pdf, zuletzt geprüft am 29.01.2012.

avsim.com (2008): AVSIM Commercial Scenery Review - Flight One Software FS Global X 2008. Online verfügbar unter http://www.avsim.com/pages/0208/FSGlobal/FSGlobal.htm, zuletzt aktualisiert am 2008, zuletzt geprüft am 18.12.2012.

Berg, Mark de (2008): Computational geometry. Algorithms and applications. 3. Aufl. Berlin: Springer.

Briese, Christian (2004): Breakline Modelling from Airborne Laser Scanner Data. Dissertation. Technische Hochschule Wien, Wien. Institut für Photogrammetrie und Fernerkundung.

Briese, Christian (2004): Three-Dimensional Modelling of Breaklines from Airborne Laser Scanner Data. In: International Archives of Photogrammetry and Remote Sensing, Vol. XXXV, B3, Istanbul, Türkei (Vol. XXXV, B3).

Briese, Christian; Kraus, Karl (2003): Datenreduktion dichter Laser-Geländemodelle. In: Zeitschrift für Geodäsie, Geoinformation und Landmanagement (zfv) (5(128)), S. 312–317.

Briese, Christian; Kraus, Karl; Pfeifer, Norbert (2002): Modellierung von dreidimensionalen Geländekanten in Laser-Scanner-Daten. In: Festschrift anlässlich des 65 Geburtstags von Herrn Prof Dr-Ing habil Siegfried Meier. Dresden, Deutschland, S. 47–52.

Briese, Christian; Pfeifer, Norbert (2001): Airborne Laser Scanning and Derivation of Digital Terrain Models. In: Armin Grün und Heribert Kahmen (Hg.): Proceedings Optical 3-D Measurement Techniques V. Wien, Österreich.

Bucher, Tilman (DLR) (2012): 20cm Daten, 12.04.2012. eMail an Arno Bücken.

Bücken, Arno; Roßmann, Jürgen (2009): Detecting trees in LIDAR data – A foundation for a forest inventory based on remote sensing data. In: Proceedings of the Remote Sensing and Photogrammetry Society Annual Conference "New Dimensions in Earth Observation"(RSPSoc 2009). Leicester, Großbritannien.

Bücken, Arno; Roßmann, Jürgen (2010): On the computational complexity of a volumetric algorithm for single tree delineation. In: Proceedings of the 2010 RSPSoc and Irish Earth Observation Symposium, Cork, Irland, S. 1–8.

Bücken, Arno; Roßmann, Jürgen (2011): A requirement analysis for digital surface models based on sensor simulation. In: Ross A. Hill und Natalie Baines (Hg.): Proceedings of the 2011 RSPSoc Annual Conference "Earth Observation in a Changing World". Bournemouth, Großbritanien, S. 1–8.

Bücken, Arno; Roßmann, Jürgen (2011): An efficient, fractal-based, bilinear algorithm for the interpolation of inhomogeneously distributed geo-data. In: Ross A. Hill und Natalie Baines (Hg.): Proceedings of the 2011 RSPSoc Annual Conference "Earth Observation in a Changing World". Bournemouth, Großbritanien, S. 1–8.

Bücken, Arno; Roßmann, Jürgen (2013): From the Volumetric Algorithm for Single-Tree Delineation Towards a Fully-Automated Process for the Generation of "Virtual Forests". In: Jacynthe Pouliot, Sylvie Daniel, Frédéric Hubert und Alborz Zamyadi (Hg.): Progress and New Trends in 3D Geoinformation Sciences - Lecture Notes in Geoinformation and Cartography. Springer Berlin Heidelberg, Deutschland, S. 79–99.

Bücken, Arno; Roßmann, Jürgen; Krahwinkler, Petra Maria (2009): Forest inventory based on airborne remote sensing data. In: Proceedings of the 33rd International Symposium on Remote Sensing of Environment (ISRSE), Stresa, Italien.

Diedershagen, Oliver; Koch, Barbara; Weinacker, Holger; Schütt, Christian (2003): Combining LIDAR- and GIS Data for the Extraction of Forest Inventory Parameters. In: Proceedings ScandLaser 2003. Umeå, Schweden.

Döbbeler, H.; Albert, M.; Schmidt, Matthias; Nagel, Jürgen (2003): BWINPro – Programm zur Bestandesanalyse und Prognose. Handbuch zur Version 6.2. Göttingen: Niedersächsische Forstliche Versuchsanstalt, Abteilung Waldwachstum.

Erikson, Mats (2003): Structure-Preserving Segmentation of Individual Tree Crowns by Brownian Motion. In: J. Bigun und T. Gustavsson (Hg.): Proceedings SCIA 2003. Lecture Notes in Computer Science. Berlin, Heidelberg, Deutschland, S. 283–289.

Erikson, Mats (2004): Segmentation and Classification of Individual Tree Crowns. in High Spatial Resolution Aerial Images. Dissertation. Swedish University of Agricultural Sciences, Uppsala. Centre for Image Analysis.

European Environment Agency: CORINE Land Cover - Full Report. Online verfügbar unter http://www.eea.europa.eu/publications/COR0-landcover/at_download/file, zuletzt geprüft am 18.12.2012.

Fawcett, Tom (2003): ROC Graphs: Notes and Practical Considerations for Data Mining researchers. Hg. v. HP. Palo Alto, USA (HP Technical Reports). Online verfügbar unter http://www.hpl.hp.com/techreports/2003/HPL-2003-4.pdf, zuletzt geprüft am 18.12.2012.

Fehrmann, L.; Kleinn, Christoph (2006): General considerations about the use of allometric equations for biomass estimation on the example of Norway spruce in central Europe. In: Forest Ecology and Management (236), S. 412–421.

Garcia, Rafael; Suárez, Juan C.; Patenaude, Genevieve (op. 2007): Delineation of individual tree crowns for LiDAR tree and stand paramter estimation in scottish woodlands. In: Sara Irina Fabrikant und Monica Wachowicz (Hg.): The European Information Society- Leading the Way with Geo-Information. Lecture Notes in Geoinformation and Cartography. Berlin: Springer, S. 55–86.

GEObasis.nrw (2011): Amtliches Topographisch-Kartographische Informationssystem (ATKIS). Digitale Landschaftsmodelle. Hg. v. Bezirksregierung Köln. Online verfügbar unter http://www.bezreg-koeln.nrw.de/brk_internet/presse/publikationen/geobasis/faltblatt_geobasis_atkis.pdf, zuletzt aktualisiert am 07/2011, zuletzt geprüft am 18.12.2012.

GEObasis.nrw (2012): Digitales Oberflächenmodell (DOM). Hg. v. Bezirksregierung Köln. Online verfügbar unter http://www.bezreg-koeln.nrw.de/brk_internet/organisation/abteilung07/produkte/reliefinformationen/dom/index.html, zuletzt aktualisiert am 30.01.2012, zuletzt geprüft am 18.12.2012.

GEObasis.nrw (2012): Bildflugnachweis. Hg. v. Bezirksregierung Köln. Online verfügbar unter http://www.bezreg-koeln.nrw.de/brk_internet/organisation/abteilung07/produkte/bildinformationen/bildflugnachweis/index.html, zuletzt aktualisiert am 03.02.2012, zuletzt geprüft am 18.12.2012.

Goodchild, Michael F. (2007): Citizens as Sensors: The World of Volunteered Geography. In: Michael F. Goodchild und Rajan Gupta (Hg.): Presentations of Workshop on Volunteered Geographic Information. Santa Barbara, USA. Online verfügbar unter http://www.ncgia.ucsb.edu/projects/vgi/docs/present/Goodchild_intro.pdf, zuletzt geprüft am 29.01.2012.

Gougeon, François A. (1998): Automatic Individual Tree Crown Delineation using a Valley-Following Algorithm and a Rule-Based System. In: D.A Hill und Donald G. Leckie (Hg.): Automated Interpretation of High Spatial Resolution Digital Imagery for Forestry. Victoria, BC, Kanada, S. 11–23.

Gougeon, François A. (2009): The Individual Tree Crown (ITC) Approach to Forest Inventories: Satellite and Aerial Sensor Considerations. In: Proceedings IUFRO Div. 4 Conf.: Extending Forest Inventory and Monitoring. Quebec, Kanada.

Gougeon, François A. (2010): Forest Remote Sensing in Canada and the Individual Tree Crown (ITC) Approach to Forest Inventories. In: Journal of the Faculty of Agriculture SHINSHU UNIVERSITY Vol. 46 (1), S. 85–92.

Gougeon, François A.; Leckie, Donald G. (2003): Forest information extraction from high spatial resolution images using an individual tree crown approach. Information Report BC-X-396. Pacific Forestry Centre, Natural Resources Canada - Canadian Forest Service.

Guang, Deng; Li, Zengyuan; Wu, Honggan (2010): Tree Crown Recognition Algorithm on High Spatial Resolution Remote Sensing Imagery. In: Proceedings 2010 3rd International Congress on Image and Signal Processing.

Heinzel, Johannes N.; Weinacker, Holger; Koch, Barbara (2011): Prior-knowledge-based single-tree extraction. In: International Journal of Remote Sensing Vol. 32 (17), S. 4999–5020.

Hirschmüller, Heiko (2008): Stereo Processing by Semi-Global Matching and Mutual Information. In: IEEE Transactions on Pattern Analysis and Machine Intelligence.

Holmgren, Johan; Nilsson, Mats; Olsson, Håkan (2003): Simulating the effect of lidar scanning angle for estimation of mean tree height and canopy closure. In: Can. J. Remote Sensing Vol. 29 (5), S. 623–632.

Holmgren, Johan; Persson, Åsa (2004): Identifying species of individual trees using airborne laser scanner. In: Remote Sensing of Environment (90), S. 415–423.

Hyyppä, Juha; Inkinen, Mikko (1999): Detecting and estimating attributes for single trees using laser scanner. In: The Photogrammetric Journal of Finland Vol. 16 (2), S. 27–42.

Jet Propulsion Laboratory (1998): Shuttle Radar Topography Mission. Mapping the World in three Dimensions. Rev. 1. Online verfügbar unter http://www2.jpl.nasa.gov/srtm/factsheet_tech.pdf, zuletzt aktualisiert am 07/1998, zuletzt geprüft am 18.12.2012.

Jung, Thomas; Roßmann, Jürgen (2007): Realisierung von Simulatoren für Forstmaschinen für den Einsatz in der Maschinenführerausbildung mit einem universellen 3D-Simulationssystem. In: M. Schenk (Hg.): 10. IFF-Wissenschaftstage. 27. - 28. Juni 2007 ; 15 Jahre Fraunhofer IFF ; Tagungsband. [Stuttgart], S. 113–121.

Katoh, Masato; Gougeon, François A.; Leckie, Donald G. (2009): Application of high-resolution airborne data using individual tree crowns in Japanese conifer plantations. In: J For res (14), S. 10–19.

Ke, Yinghai; Quackenbush, Lindi J. (2009): Individual Tree Crown Detection and Delineation from High Spatial Resolution Imagery Using Active Contour ans Hill-Climbing Methods. In: Proceedings ASPRS 2009 Anual Conference. Baltimore, Maryland, USA.

Keil, Manfred; Bock, Michael; Esch, Thomas; Metz, Annekatrin; Nieland, Simon; pfitzner, Alexander (2010): CORINE Land Cover Aktualisierung 2006 für Deutschland. Abschlussbericht. Hg. v. Deutsches Fernerkundungsdatenzentrum Oberpfaffenhofen DLR. DLR, Deutsches Fernerkundungsdatenzentrum Oberpfaffenhofen. Wessling. Online verfügbar unter http://www.CORINE.dfd.dlr.de/media/download/clc2006_endbericht_de.pdf, zuletzt geprüft am 18.12.2012.

Kraft, Gustav (1884): Zur Lehre von den Durchforstungen, Schlagstellungen und Lichtungshieben. Hannover, Germany: Klindworth's Verlag.

Krahwinkler, Petra Maria; Roßmann, Jürgen; Sondermann, Björn (2011): Support Vector Machine Based Decision Tree for very high Resolution multispectral Forest Mapping. In: Proceedings of the 2011 IEEE International Geoscience and Remote Sensing Symposium. (IGARSS); 24 - 29 July 2011, Vancouver, British Columbia, Kanada. Piscataway, NJ: IEEE, S. 43–46.

Kwak, Doo-Ahn; Lee, Woo-Kyun; Lee, Jun-Hak; Biging, Greg S.; Gong, Peng (2007): Detection of individual trees and estimation of tree height using LiDAR data. In: J For res (12), S. 425–434.

Laasasenaho, Jouko (1982): Taper Curve and Volume Functions for Pine, Spruce and Birch. Helsinki, Finnland.

Landesbetrieb Wald und Holz Nordrhein-Westfalen, Lehr-und Versuchsforstamt Arnsberger Wald (2011): Musterblatt Forstbetriebskarte. Hg. v. Landesbetrieb Wald und Holz, NRW. Münster. Online verfügbar unter http://www.wald-und-holz.nrw.de/fileadmin/media/Dokumente/Ausschreibung en/Unterlagen_Forsteinrichtung/Musterblatt_Forstbetriebskarte.pdf, zuletzt aktualisiert am 01.07.2011, zuletzt geprüft am 18.12.2012.

Lawrence, Vanessa (2011): Remote sensing: a cornerstone of data collection for Britain's national mapping. RSPSoc 2011, Bournemouth. Großbritanien, 15.09.2011.

Logiball: Produktblatt Outdoor Navigation Maps. Online verfügbar unter http://www.logiball.de/outdoor-navigation-maps-bildergalerie.html?file=tl_files/ logiball/downloads/outdoor-maps/logiball_outdoor-navigation-maps_de.pdf, zuletzt geprüft am 18.12.2012.

Lukaszyk, S. (2004): A new concept of probability metric and its applications in approximation of scattered data sets. In: Computational Mechanics (33), S. 299–304.

Mandelbrot, Benoit (1967): How Long Is the Coast of Briatin? Statistical Self-Similarity and Fractional Dimension. In: Science (Vol. 156, No. 3775), S. 636–638.

Microsoft: Datenblatt Ultracam X. Online verfügbar unter http://download.microsoft.com/download/7/4/3/743EFD09-258B-4BFA-8D56-3148C60DD137/UCAMTechnicalDocuments/UltraCamX-Specs.pdf, zuletzt geprüft am 18.12.2012.

Næsset, Erik (1997): Determination of mean tree height of forest stands using airborne laser scanner data. In: ISPRS Journal of Photogrammetry & Remote Sensing (52), S. 49–56.

Næsset, Erik; Gobakken, Terje; Holmgren, Johan; Hyyppä, Hannu; Hyyppa, Juha; Maltamo, Matti et al. (2004): Laser Scanning of Forest Resources: The Nordic Experience. In: Scand. J. For. Res (19), S. 1–18.

Nagel, Jürgen (2001): Skript Waldmesslehre. Skript. Georg-August-Universität, Göttingen. Abteilung Ökoinformatik, Biometrie und Waldwachstum, Fakultät für Forstwissenschaften und Waldökologie.

Neis, Pascal; Zielstra, Dennis; Zipf, Alexander (2012): The Street Network Evolution of Crowdsourced Maps: OpenStreetMap in Germany 2007–2011. In: *Future Internet 4* (1), S. 1–21.

NVidia: Geforce 256. Hg. v. NVidia. Online verfügbar unter http://www.nvidia.com/page/geforce256.html, zuletzt geprüft am 18.12.2012.

NVidia: Geforce GTX 690. Hg. v. NVidia. Online verfügbar unter http://www.geforce.com/hardware/desktop-gpus/geforce-gtx-690/specifications, zuletzt geprüft am 18.12.2012.

Obuchowski, Nancy A. (2005): Fundamentals of Clinical Research for Radiologists. In: American Journal of Roentgenology (184), S. 364–372.

Openstreetmap (2011): Datenverlust bei Lizenzwechsel. Online verfügbar unter http://wiki.openstreetmap.org/wiki/DE:Datenverlust_bei_Lizenzwechsel, zuletzt aktualisiert am 20.12.2011, zuletzt geprüft am 18.12.2012.

Pain, O.; Boyer E. (1997): A whole individual tree growth model for norway spruce. In: G. NepVeu (Hg.): Proceedings of the Second Workshop "Connection between Silviculture and Wood Quality through Modelling Approaches and Simulation Softwares" Berg-en-Dal, Kruger National Park, South Africa, August 26-31, 1996. Nancy, Frankreich: Publication Equipe de Recherches sur la Qualité des Bois, S. 13–23.

Persson, Åsa; Holmgren, Johan; Söderman, Ulf (2002): Detecting and Measuring Individual Trees Using an Airborne Laser Scanner. In: Photogrammetric Engineering & Remote Sensing Vol. 68 (9), S. 925–932.

Pfeifer, Norbert; Reiter, T.; Briese, Christian; Rieger, W. (1999): Interpolation of high quality groung models from laser scanner data in forested areas.

In: Forested Areas. International Archives of Photogrammetry and Remote Sensing, ISPRS Workshop, Vol. 32, Part 3-W14. La Jolla, California, USA, S. 31–36.

Pfeifer, Norbert; Stadler, P.; Briese, Christian (2001): Derivation of Digital Terrain Models in the SCOP++ Environment. In: Proceedings OEEPE workshop on Airborne Laserscanning and Interferometrie SAR for Detailed Digital Terrain Models. Stockholm, Schweden.

Pitkänen, J.; Maltamo, Matti Hyypä Juha; Yu, X. (2004): Adaptive Methods for Individual Tree Detection on Airborne Laser Based Canopy Height Model. In: M. Thies, Barbara Koch, H. Spiecker und Holger Weinacker (Hg.): Proceedings of the ISPRS working group VIII/2. Laser-Scanners for Forest and Landscape Assessment. Freiburg, Deutschland.

Popescu, Sorin C.; Wynne, Randolph H. (2004): Seeing the Trees in the Forest: Using Lidar and Multispectral Data Fusion with Local Filtering and Variable Window Size for Estimation Tree Height. In: Photogrammetric Engineering & Remote Sensing 70 (5), S. 589–604.

Pouliot, D.A; King, D.J; Bell, F.W; Pitt, D.G (2002): Automated tree crown detection and delineation in high-resolution digital camera imagery of coniferous forest regeneration. In: Remote Sensing of Environment (82), S. 322–334.

Press, William H. (2007): Numerical recipes in C++. The art of scientific computing. 1. South Asian ed., reprinted, corr. to software version 2.10. New Dehli: Cambridge Univ. Press India.

Rast, Stephan (2012): Vorratsrechner stehender Baum. Online verfügbar unter http://www.forst-rast.de/pflrechner.html, zuletzt geprüft am 18.12.2012.

Reitberger, Josef (2010): 3D-Segmentierung von Einzelbäumen und Baumartenklassifikation aus Daten flugzeuggetragener Full Waveform Laserscanner. Dissertation. TU München, München.

Riegl (2010): Datenblatt LMS-Q560. Online verfügbar unter http://www.riegl.com/uploads/tx_pxpriegldownloads/10_DataSheet_Q560_20-09-2010_01.pdf, zuletzt aktualisiert am 20.09.2010, zuletzt geprüft am 18.12.2012.

RIF e.V. (2006): Moderne Methoden Virtueller Realität für forstliche Inventurverfahren – der Virtuelle Wald. Abschlußbericht. Hg. v. RIF e.V. RIF e.V. Dortmund, Deutschland.

RIF e.V. (2007): Zwischenbericht Virtueller Wald II. Hg. v. RIF e.V. Dortmund, Deutschland.

RIF e.V.; MMI; WWK; FAA; IRF; CPA; Pöyry (2010): Virtueller Wald - Zwischenbericht November 2010. Dortmund, Deutschland.

Rössler, Günter (2000): Höhenmeßverfahren auf Dauerversuchsflächen. Methods of tree height assessment on permanent observation plots. Bundesforschungs- und Ausbildungszentrum für Wald, Naturgefahren und Landschaft. Wien, Österreich. Online verfügbar unter http://bfw.ac.at/100/1232.html, zuletzt geprüft am 18.12.2012.

Roßmann, Jürgen (2010): Advanced Virtual Testbeds: Robotics Know How for Virtual Worlds. In: Proceedings of the 11th Int. Conference Control, Automation, Robotics and Vision. Singapur.

Roßmann, Jürgen; Bücken, Arno (2008): Using 3D-Laser-Scanners and Image-Recognition for Volume-Based Single-Tree-Delineation and - Parameterization for 3D-GIS-Applications. In: Peter van Oosterom (Hg.): Advances in 3D geo information systems. Berlin, Deutschland: Springer, S. 131–146.

Roßmann, Jürgen; Bücken, Arno (2010): A comparison of Single Tree Delineation based on LIDAR and optical data. In: Proceedings of the 2010 RSPSoc and Irish Earth Observation Symposium, S. 1–8.

Roßmann, Jürgen; Bücken, Arno (2011): Estimation of free parameters of a geo-information process by means of the "Receiver Operator Characteristic". In: Ross A. Hill und Natalie Baines (Hg.): Proceedings of the 2011 RSPSoc Annual Conference "Earth Observation in a Changing World". Bournemouth, Großbritanien, S. 1–8.

Roßmann, Jürgen; Bücken, Arno; Waspe, Ralf (2006): Arbeitsmaschinensimulationen zum Fahrertraining und zur Komponentenentwicklung. In: Torsten Kuhlen und Christian Bischof (Hg.): Jahresbericht 2005/2006 des VRCA Virtual Reality Center Aachen. Aachen, Deutschland: Emhart Druck + Medien GmbH, S. 57–58.

Roßmann, Jürgen; Hempe, Nico; Emde, Markus (2011): New Methods of Render-Supported Sensor Simulation in Modern Real-Time VR-Simulation Systems. In: Proceedings of the 15th WSEAS International Conference on COMPUTERS, part of the 15th WSEAS CSCC Multiconference. Korfu, Griechenland.

Roßmann, Jürgen; Jung, Thomas (2008): Dynamiksimulation für Virtuelle Welten: Erfahrungen, Anwendungen, Methoden. In: Jürgen Gausemeier (Hg.): Augmented & virtual reality in der Produktentstehung. Grundlagen, Methoden und Werkzeuge - virtual prototyping, digitale Fabrik - Integration von AR & VR in Produkt- und Produktionssystementwicklung. Paderborn, Deutschland: Heinz-Nixdorf-Inst.

Roßmann, Jürgen; Jung, Thomas (2010): Interactive Dynamics-Based Simulation of Work Machines. In: Torsten Kuhlen und Christian Bischof (Hg.): VRCA Progress Report. Volume 4. Aachen, Deutschland, S. 77–79.

Roßmann, Jürgen; Krahwinkler, Petra Maria (2009): Tree Species Classification and Forest Stand Delineation Based on Remote Sensing Data - Large Scale Monitoring of Biodiversity in the Forest. In: Proceedings of the 33rd International Symposium on Remote Sensing of Environment (ISRSE). Stresa, Italien.

Roßmann, Jürgen; Krahwinkler, Petra Maria; Bücken, Arno (2008): Arbeitsmaschinen als autonome Roboter im Forst: Virtuelle Prototypen, Verfahren und Anwendungen. In: Jürgen Gausemeier (Hg.): Augmented & virtual reality in der Produktentstehung. Grundlagen, Methoden und Werkzeuge - virtual prototyping, digitale Fabrik - Integration von AR & VR in Produkt- und Produktionssystementwicklung. Paderborn, Deutschland: Heinz-Nixdorf-Inst, S. 323–333.

Roßmann, Jürgen; Krahwinkler, Petra Maria; Bücken, Arno (2009): Mapping and navigation of mobile robots in natural environments. In: Torsten Kröger und Friedrich M. Wahl (Hg.): Advances in robotics research. Theory, implementation, application. Berlin ;, Heidelberg, Deutschland: Springer, S. 43–52.

Roßmann, Jürgen; Krahwinkler, Petra Maria; Schlette, Christian (2009): Navigation of Mobile Robots in Natural Environments: Using Sensor Fusion in Forestry. In: Nagib Callaos (Hg.): Proceedings. IMETI 2009, the 2nd International Multi-Conference on Engineering and Technological Innovation : July 10 - 13, 2009 Orlando, Florida, USA; [including ... the 7th International Conference on Computing, Communications and Control Technologies: CCCT 2009, International Symposium on Energy Engineering, Economics and Policy: EEEP 2009, International Symposium on Optical Engineering and Photonic Technology: OEPT 2009, International Symposium on Engineering Education and Educational Technologies: EEET 2009, the 6th International Conference on

Cybernetics and Information Technologies, Systems and Applications: CITSA 2009]. Winter Garden, Fla: IIIS, S. 5–9.

Roßmann, Jürgen; Schluse, Michael; Bücken, Arno (2007): Bringing Laser-Scanning into the Forest: New Approaches to Single-Tree Delineation as a Support Tool for Forestry Management Applications. In: Jon Mills (Hg.): RSPSoc 2007. Challenges for earth observation - scientific, technical and commercial ; proceedings of the 2007 Remote Sensing and Photogrammetry Society annual conference, 11 - 14 September, Newcastle University ; including ISPRS workshops on digital cameras, high resolution data and ocean colour. [Nottingham]: Remote Sensing and Photogrammetry Society.

Roßmann, Jürgen; Schluse, Michael; Bücken, Arno (2008): The virtual forest – space- and robotics technology for the efficient and environmentally compatible growth-planing and mobilization of wood resources. In: Ute Seeling (Hg.): FORMEC 2008. 2. - 5. June 2008 ; [41. international symposium in Schmallenberg/Germany]. Gross-Umstadt, Deutschland: KWF, S. 3–12.

Roßmann, Jürgen; Schluse, Michael; Bücken, Arno; Hoppen, Martin (2009): Advances in forestry geo-information systems enabling new approaches in the bioenergy sector. In: Mia Savolainen (Hg.): Bioenergy 2009. [sustainable bioenergy business; 4th International Bioenergy Conference]; 31.8. - 4.9.2009 [in Jyväskylä]; book of proceedings. Jyväskylä, Finnland: FINBIO (FINBIO publication, 44), S. 187–193.

Roßmann, Jürgen; Schluse, Michael; Bücken, Arno; Hoppen, Martin (2009): Large area forest inventory and management using remote sensing data - combining single tree and stand level in a 4D-GIS-System. In: Proceedings IUFRO Div. 4 Conf.: Extending Forest Inventory and Monitoring. Quebec, Kanada.

Roßmann, Jürgen; Schluse, Michael; Bücken, Arno; Jung, Thomas; Krahwinkler, Petra Maria (2007): Der Virtuelle Wald in NRW. In: AFZ - Der Wald (18), S. 966–971.

Roßmann, Jürgen; Schluse, Michael; Bücken, Arno; Krahwinkler, Petra Maria (2007): Using Airborne Laser Scanner Data in Forestry Management: A Novel Approach to Single Tree Delineation. In: P. Rönnholm, Hannu Hyyppä und Juha Hyyppä (Hg.): Proceedings of the ISPRS Workshop, Laser Scanning 2007 and SilviLaser 2007. Espoo, Finnland (Volume XXXVI Part 3 / W52), S. 350–354.

Roßmann, Jürgen; Schluse, Michael; Bücken, Arno; Krahwinkler, Petra Maria; Hoppen, Martin (2009): Cost-efficient semi-automatic forest inventory integrating large scale remote sensing technologies with goal-oriented manual quality assurance processes. In: Proceedings IUFRO Div. 4 Conf.: Extending Forest Inventory and Monitoring. Quebec, Kanada.

Roßmann, Jürgen; Schluse, Michael; Bücken, Arno; Waspe, Ralf (2008): Der Virtuelle Wald – Die Zukunfts-Plattform für die Forst- und Holzwirtschaft sowie für den Naturschutz. In: Deutsche Anpassungsstrategie (DAS) an den Klimawandel – Nationales Symposium zur Identifizierung des Forschungsbedarfs, 27./28. August 2008 in Leipzig am Helmholtz-Zentrum für Umweltforschung – UFZ, Bericht an den Bundestag "Deutsche Anpassungsstrategie an den Klimawandel.

Roßmann, Jürgen; Schluse, Michael; Krahwinkler, Petra Maria; Hempe, Nico; Bücken, Arno; Hoppen, Martin (2009): Opening new markets for the bioenergy sector by integrating robotics technologies with advanced forestry geo-information systems. In: Mia Savolainen (Hg.): Bioenergy 2009. [sustainable bioenergy business; 4th International Bioenergy Conference]; 31.8. - 4.9.2009 [in Jyväskylä]; book of proceedings. Jyväskylä, Finnland: FINBIO (FINBIO publication, 44), S. 407–413.

Roßmann, Jürgen; Schluse, Michael; Schlette, Christian; Bücken, Arno; Krahwinkler, Petra Maria; Emde, Markus (2009): Realization of a highly accurate mobile robot system for multi purpose precision forestry applications. In: Advanced Robotics, 2009. ICAR 2009. International Conference on, S. 1–6.

Roßmann, Jürgen; Schluse, Michael; Schlette, Christian; Bücken, Arno; Krahwinkler, Petra Maria; Emde, Markus (2011): Data Fusion Based Multi-Sensor System for High Accuracy Forest Management. In: Journal of Forest Planning, Special Issue "Multipurpose Forest Management", Vol. 16, S. 263–271.

Schmidt, Matthias (2001): Prognosemodelle für ausgewählte Holzqualitätsmerkmale wichtiger Baumarten. Dissertation. Georg-August-Universität, Göttingen, Deutschland. Fakultät für Forstwissenschaften und Waldökologie.

Shepard, D. (1968): A two-dimensional interpolation function for irregularly-spaced data. In: Proceedings of the 1968 ACM National Conference Science, S. 517–524.

Sick: Bild LD-LRS 2100. Online verfügbar unter https://www.mysick.com/saqqara/wrapper.aspx?id=im0017028, zuletzt geprüft am 18.12.2012.

Simutech (2012): PKW Fahschulsimulator. Hg. v. Simutech. Online verfügbar unter http://www.simutech.de/fahrschulsimulator_pkw.htm, zuletzt geprüft am 18.12.2012.

Solodukhin, V. I.; Mazhugin, I. N; Zhukov, A. Ya; Narkevich, V. I.; Popov, Yu V.; Kulyasov, A. G. et al. (1979): ЛАЗЕРНАЯ АЭРОСЪЕМКА ПРОФИЛЕЙ ЛЕСА (Laser aerial profiling of forest). In: Lesnoe Khozyaistvo (10), S. 43–45.

Solodukhin, V. I.; Zhukov, A. Ya; Mazhugin, I. N; Bokova, T. K.; Polezhai, V.M (1977): ВОЗМОЖНОСТИ ЛАЗЕРНОЙ АЭРОСЪЕМКИ ПРОФИЛЕЙ ЛЕСА (Possibilities of laser aerial photography of forest profiles). In: Lesnoe Khozyaistvo 1977 (10), S. 53–58.

Spelsberg, G. (2009): Hilfstafeln für die Forsteinrichtung. Dritte Auflage, 1989, Nachdruck 2009. Hg. v. Lehr-und Versuchsforstamt Arnsberger Wald Landesbetrieb Wald und Holz Nordrhein-Westfalen.

Straub, Bernd-Michael (2003): Automatische Extraktion von Bäumen aus fernerkundungsdaten. Dissertation. Universität Hannover, Hannover, Deutschland. Fachbereich Bauingenieur- und Vermessungswesen.

Tremer, Nils; Fuchs, Hans; Kleinn, Christoph (2009): Projekt "Virtueller Wald II". Abschlußbericht. Georg-August-Universität, Göttingen. Burckhardt-Institut, Abteilung Waldinventur und Fernerkundung.

Wewel, F.; Scholten, F.; Gwinner, K. (2000): High resolution stereo camera (hrsc) - multispectral 3d-data acquisition and photogrammetric data processing. In: Canadian Journal of Remote Sensing Vol. 26 (5), S. 466–474.

Wiechert, Alexander (2004): Production of ALS and RGB/CIR ortho images. In: GIS@development Vol. 8 (5), S. 30–32.

Wikipedia, Die freie Enzyklopädie (Hg.): History of Microsoft Flight Simulator. Online verfügbar unter http://en.wikipedia.org/w/index.php?title=History_of_Microsoft_Flight_Simulator&oldid=517861685, zuletzt aktualisiert am 15.10.2012UTC, zuletzt geprüft am 18.12.2012UTC.

Wikipedia, Die freie Enzyklopädie (Hg.): Nvidia-Geforce-600-Serie. Online verfügbar unter http://de.wikipedia.org/w/index.php?title=Nvidia-Geforce-600-Serie&oldid=111707851, zuletzt aktualisiert am 15.12.2012UTC, zuletzt geprüft am 18.12.2012UTC.

Ziegler, Holger (Lufthansa Flight Training) (2011): Screenshots der Lufthansa Flugsimulatoren, 11.03.2011. eMail an Arno Bücken.

The manufacturer's authorised representative in the EU is Springer Nature Customer Service Centre GmbH, Europaplatz 3, 69115 Heidelberg, Germany. If you have any concerns regarding our products, please contact ProductSafety@springernature.com

Printed and bound by CPI Group (UK) Ltd, Croydon, CR0 4YY

25/03/2026

02078193-0002